佐々木閑
大栗博司

真理の探究

仏教と宇宙物理学の対話

GS
幻冬舎新書
438

真理の探究／目次

第三部 「よく生きる」とはどういうことか

編集協力　岡田仁志
図版・DTP　美創

序

心のフィルターを外す営み

――仏教と物理学の接点　佐々木閑

人には生まれながらにして偏見・先入観が刷り込まれている

今回は、世界のトップを走る理論物理学者と対話ができることを、たいへん嬉しく思っております。大栗博司先生が研究されている超弦理論は、現代物理学の最先端にある分野と言っていいでしょう。

そういう物理学者と、私のような仏教学者のあいだで、はたしてどのような対話が成り立つのか。往々にして、「科学」と「宗教」は水と油のようにお互いを受け入れない関係にあると見られるので、この対話自体に疑問を抱く人も多いだろうと思います。対立するばかりで、対話など成り立たないのではないかと心配する人もいるかもしれません。

そこでまずは私のほうから、仏教と科学の接点について簡単にお話しします。

ひとくちに「仏教」と言っても、その中身は二千五百年におよぶ歴史の中で大きく変容してきました。日本の仏教はどの宗派も「大乗仏教」と呼ばれるものであり、これは釈迦がつくり上げた仏教とは根本が違います。

釈迦の仏教からいかにして大乗仏教がつくられていったのかはのちほど説明しますが、私が本書で中心的に論ずるのは、釈迦の教えとしての仏教です。ですから、この対話の中で私が単に「仏教」という言葉を使った場合、それは基本的に釈迦の時代の仏教を指すものだと思ってください。

当然ながら、その仏教の基本には、釈迦自身の世界観があります。それを抜きに、仏教という宗教を語ることはできません。

釈迦は、このように考えました。私たち人間は自分自身のことを、すぐれて理性ある生き物だと思いがちです。ところが人間の考えることには、最初から偏見や先入観などが刷り込まれている。それは私たちに責任があるわけではなく、生まれつき備わっている性質ですから、仕方のないことです。人間という生き物にとっては、それが生理的に自然なあり方なのです。

しかし、だからと言って、それを放っておくことはできません。その偏見や先入観が、私たち自身を苦しめる手かせ足かせになっているからです。人間の内部には、生まれながらにして自分のまわりの世界を歪めた姿で見せる機構が備わっていて、そのために私たちは物事を正しく見ることができない。それが、苦しみを生み出す根本原因だと釈迦は言うのです。

ならば、どうすればいいのか。

苦しみから逃れるには、自力で偏見のフィルターを取り去って、世界を正しく見なければいけません。それが、仏教の第一の目的です。まずは世の中を正しく見なければ、自分が生きていくべき方向性も見えてこないのです。

「宇宙の真ん中に自分がいる」という思い込み

それでは、人間には生まれつきどんな偏見や先入観が刷り込まれているのか。

いちばん根っこの部分にあるのは、「宇宙の真ん中に自分がいる」という思い込みです。自分が宇宙の中心にいて、そのまわりに世界が同心円状に広がっている——目に見えるのはそういう風景ですから、この発想はごく自然なものでしょう。そのため私たちは、自分のいる中心部分がいちばん濃密な世界で、遠くへ離れるほどそれが薄まっていくようなイメージを抱きがちです。「世界は自分を中心に動いている」という世界観です。

しかし、この世界をよく見れば、そんなイメージは錯覚にすぎないことが分かります。自分が中心に存在する宇宙などありえないのに、どういうわけか私たちは勝手に自分が真ん中にいるように思ってしまう。そして、そういう偏見に基づく形で自分の世界観を構築し、そこから苦しみを生み出しているのです。

そんな刷り込みを自力で外すためのトレーニング方法を説いてくれるのが、仏教にほかなりません。そこに、科学との接点があります。

自分を宇宙の中心に置く世界観と言えば、誰でもすぐに天動説を思い出すでしょう。夜空を見上げれば、無数の天体が回転しているように見えるのですから、天動説はごく自然なものの見方でした。現代人だって、何の知識もなしに夜空を見れば、私たちの住む地球が宇宙の中心にあると思うでしょう。

しかし科学はその思い込みを引きはがして、地動説に到達しました。もちろん地動説にも、当初は、惑星の軌道を「完全な円である」と見なすような思い込みがありましたが、それものちの研究によってあらためられています。

そうやって、科学は私たち人間が当たり前のものとして信じ込んでいた世界観を次々と書き換えてきました。とりわけアイザック・ニュートン以降の近代科学は、人間が世界に対して持っていた錯覚や思い込みを一枚ずつ引きはがし、想像もつかなかったこの世の真の姿を明らかにしてくれています。

たとえばアルベルト・アインシュタインは相対性理論によって、「この世界には絶対的な空間と絶対的な時間が存在する」という人間の思い込みを打ち破りました。この理論の衝撃は強烈で、発表から百年が過ぎても、人々の先入観を揺さぶり続けています。

ほぼ同じ時代に登場した量子論も、その衝撃の大きさは相対論と変わりません。私たち人間は、自分が見ていないときでも、見ているときと同じ世界が続いていると信じてきましたが、量子論によって、私たちはその「常識」も放棄せざるをえなくなりました。詳しくは大栗先生のお話に譲りますが、二十世紀の現代物理学はさまざまな形で、人間の錯覚を取り除き、世界の「正しい見方」を教えてくれたのです。

釈迦と物理学が教える「世界の正しい見方」

正直に告白すると、私は相対論と量子論が現代物理学の最先端であり、そこから先はまだ何も分かっていないのだろうと思っていました。しかしそれも、私という人間の先入観にすぎなかったようです。大栗先生の研究されている超弦理論について知るようになってから、二十一世紀の物理学が、すでにまったく新しい世界を切り開いていることが分かりました。だからこそ大栗先生とこうやって対談できることは、私にとって望外の喜びなのです。

まだ仮説にすぎない理論もたくさんありますが、その研究の進展が私には楽しみで仕方がありません。釈迦のやろうとしたことが、物理学的にどんどん実証されていくような気がするからです。

釈迦の思想の対象は精神的なものだったこともあり、その考えを万人が納得する形で明確に表現することは難しかったでしょう。それに対して、物理学の世界には数学という厳密な言語があります。感覚的には受け入れがたい事実であっても、数学の言葉で語られれば、誰もがそれを認めざるをえません。

しかも、釈迦はこの世の真理を心の問題として語ったのに対して、物理学は全宇宙の問題としてそれを語ってくれます。そういう形で私たちの偏見が取り除かれていけば、その先にはこの世の本当の姿が見えてくるはず。仏教者にとっては、こんなに喜ばしいことはありません。

そういう意味で、現代物理学の流れと釈迦の思想は根底のところでひとつにつながっているのではないかと私は思います。「科学と宗教の出会い」などと言うと、何か怪しげな話をイメージする人も多いでしょう。しかし、たとえば霊魂の存在や死後の世界を信じるかといった問題は、さほど重要ではありません。私の人生にとって、霊魂のようなものは、あってもなくてもかまわない。そういう問題とは別のところに、私たちの苦しみを取り除く道があるはずだからです。

偏見や先入観というフィルターを取り外し、できるかぎり正しく世界を見ることを通じて、そういう道があることを確信させてくれる――それが、物理学と仏教の共通点ではないかと私は思っています。大栗先生のお話を通じて、みなさんは自分の心を覆っていたフィルターが次々と外されていくのを実感することでしょう。それは、釈迦の教えを学ぶ者が味わう感覚と、とてもよく似ているのです。

第一部　宇宙の姿はどこまで分かったか

——大栗博司／聞き手　佐々木閑

科学とはそもそも何か

「マンダラと量子論は似ている」と指摘しても意味がない

佐々木先生がおっしゃっていたように、相対論と量子論を大きな柱とする二十世紀の物理学は、自然界の深遠な姿を明らかにしてきました。この数十年のあいだには、観測技術の発達もあり、宇宙の成り立ちに関する知見がとりわけ深まってきました。科学が解き明かす宇宙の真理と、釈迦が到達した人間の真理を対比させながら、この世界の本当の姿について佐々木先生と語り合うのは、私にとっても実に興味深く、ありがたい機会です。

おそらく佐々木先生は、物理学が発見した自然界の深い真理を理解することによって、ご自身の宗教的、哲学的な思考を深めたいと思っておられるのでしょう。これは、立場を逆にしても同じことです。たとえば相対性理論によって現代物理学の基礎を築いたアインシュタインは、哲学と科学の関係について、こんな言葉を残しました。

歴史や哲学的背景に関する知識は、科学者がしばしばとらわれがちになる各世代の思い込みから、私たちを解き放つ。哲学的な思考がもたらす自由は、たんなる職人や専門家と真実の探求者とを区別するものである。

科学者の側にも世界に対する「思い込み」はあり、そのフィルターを外すためには哲学的な考え方を知ることも大切です。その意味でも、宗教と科学、仏教と物理学が対話を通じてお互いのことを学び合うのは、たいへん有意義な試みと言えるでしょう。

また、私はこの対話をするにあたって佐々木先生の『科学するブッダ』（角川ソフィア文庫）を拝読し、大いに安心したことがひとつあります。その中に、こんなことが書かれていたからです。

私は本書で、科学と仏教の関係を論じるが、両者の個々の要素の対応に関しては一切無視した。唯識と脳科学だの、マンダラと量子宇宙だの、つき合わせてみても意味がない。

現代物理学の理論や知見の中には、何となく仏教の世界観と似たイメージを持つものがいくつかあります。そのため、紀元前の時代に確立された仏教が、物理学の発見を「すでに知っていた」などと主張する人も少なくありません。

——たとえば「釈迦は量子論を知っていた」と主張する人もいますよね。でも、そんなことはありえません。そういう話と私たちの対話がまったく違うものであることは、非常に大切なポイントですから、ここで強調しておきたいと思います。

おっしゃるとおりです。ご承知のように、科学とは、実験と理論の両輪で進歩するものです。とくに量子力学は、実験と観察で明らかになった不思議な現象を説明するために、物理学者が何十年もかけて解明した自然法則です。あとで詳しくご説明する機会があると思いますが、このような法則は、純粋な思考だけで発見できるものではありません。

仏教に限らず、多くの宗教が天地創造や宇宙の成り立ちについて語っていますが、物理学はそれとはまったく違う方法で宇宙の真理にアプローチしています。そこで、本題に入る前に、このような真理に到達するための科学の方法についてお話ししましょう。

「仮説と検証」で確かな知識を得るのが近代科学

人類は古代から、さまざまな形で宇宙の姿を思い描いてきました。宇宙、地球、人類などの起源を説明する創造神話も世界中にあります。自分たちが暮らしている世界はどのようなものなのかを知りたいという欲求は、人間にとって根源的なものなのでしょう。だからこそ古代の人々は、自分たちの限られた経験世界の中で、宇宙の仕組みを理解しようとしてきたのだと思います。仏教の「曼荼羅《まんだら》」や「三千大千世界《さんぜんだいせんせかい》」などの考え方も、そういう試みの例でしょう。

しかし、多様な宇宙観や創造神話が存在することからも分かるとおり、それは万人が信頼するに足る知識ではありませんでした。自然界の成り立ちについて信頼できる知識を得るための方法、つまり近代的な意味での「自然科学」がヨーロッパで成立したのは、およそ四百年前のことです。

それ以前は、誰かが自らの経験や思想などに基づいて推測し、「自然界の仕組みはこうに違いない」と主張していました。しかし、その主張を体系的に確認する手続きは確立していませんでした。

近代の科学も、法則の存在を仮定する、つまり「仮説」を立てることから始まります。しかし科学では、そのような仮説の予言を、観測や実験によって検証しなければいけません。検証された仮説だけが自然法則と認められ、観測や実験と合わなければ否定される。そうやって仮説と検証をくり返しながら自然界に対する理解を深めていくのが、科学の方法です。

アリストテレスもデカルトも間違いだらけ？

近代科学の成立以前と以後の違いについては、ノーベル賞受賞者でもある米国の理論物理学者スティーヴン・ワインバーグが、二〇一五年に『科学の発見』(邦訳　文藝春秋)という興味深い本を出版しました。

この本では、プラトンやアリストテレス、ルネ・デカルト、フランシス・ベーコンといった歴史上の著名な哲学者たちが容赦なく批判されています。たとえば、古代ギリシアの思想家たちは、「自分が真実だと信じていることを明確に述べるためというよりは、美的効果によって表現を選んだ詩人」であり、「観察や実験によって自らの考えを正当化すべきとは考えなかった」。また、近代合理主義の父とされるデカルトについても、「信頼できる知識の真の探究法を見つけたと主張している人物にしては、自然に関する見解には間違いが多すぎる」とコテンパンです。

——では、真の科学の発見者は誰なのですか?

ワインバーグは、四百年前のガリレオ・ガリレイ、ニュートンの時代に科学の方法が確立したと考えています。

彼の本では、現在の科学者としての見地から、ガリレオ、ニュートン以前の思想家が批判されていますが、「現在の基準で過去を裁く」ことは、歴史学では禁じ手とされています。倫理や価値の基準は、歴史の中で変化するものだからです。過去の人が、その当時の情報では最良の判断をしたとしても、その人にコントロールできない偶然の要素によって、その結果が左右されることはあります。それを、いまの人間が後知恵で「間違っている」と批判してよいのか。事実、この本は一部の歴史学者から激しい批判を浴びました。

——そうなると、いまの私たちも千年後に何を言われるか分かりません。

そうですね。たとえば、いまは動物に意識があるかどうかが議論されています。意識のメカニズムが明らかになると、将来には世間一般の常識としても、牛や豚を食することが道徳に反すると考えられるようになるかもしれません。

ワインバーグも、個々の科学的事実の発見については、そのことをわきまえているようで、たとえば、古代ギリシア人は（少数の例外を除いて）天動説をとっていましたが、それだけで彼らの不明を批判することはできないと書いています。当時入手できた天体観測データからは、天動説よりも地動説のほうが有力な理論であるとは結論づけられないからです。天動説をとった古代ギリシア人に対しても、その方法論が「科学」の基本を満たしているものであれば積極的に評価をし、そこから「科学」とは何かを読者たちに考えさせる、そういう本になっています。

その一方で、科学の方法、それ自体については、近代以前とそれ以降とではまったく違うものであることを強調しています。

——アリストテレスやデカルトたちがいなければ、ガリレオやニュートン以降の科学的な方法論もできあがらなかったのではないか、という批判もありえますよね。

近代の自然科学の成立に、古代ギリシアからの蓄積が重要だったのは事実です。しかし、「仮説と検証」という方法が確立したのは、ガリレオやニュートンの時代でした。これをきっかけに、自然に関する私たちの理解は飛躍的に発展し、それを活用する技術も進歩しました。近代科学の成立以前と以後が連続したものなのか、あるいは革命的な変化があったのかについては、科学哲学者のあいだでも議論のあるところです。ワインバーグは、そこに革命的変化があったと考え、それがこの本の主題です。だからこそ、彼の本は『科学の発見』というタイトルになっています。個々の科学法則の発見ではなく、科学自体の発見という意味です。おもしろい本なので、邦訳の巻末に解説文を書かせていただきました。

神の存在に疑問を投げかけた近代科学

このように科学の方法が確立したおかげで、この四百年のあいだに、私たちの科学的知識は飛躍的に増大し、技術も発達しました。これは数千年におよぶ人類の歴史の中でも特筆すべき出来事だと思います。現在では、原子よりも小さい《一〇億×一〇億》分の一メートルというミクロな世界から、一〇億×一〇億×一〇億メートルという宇宙全体まで、非常に大きなスケールにわたって、この世界のことをかなり正確に記述できるようになりました。

本来、人間の脳は、そんなスケールで世界を理解できるように、進化してきたわけではありません。人類が自然環境の中で淘汰されずに生き残るには、狩猟採集生活に順応できるだけの能力があればよかったでしょう。集団生活を営むために他人の心を理解するようなコミュニケーション能力は必要だったでしょうが、原子や宇宙のことを理解する必要はありません。その人類が、科学の力で、目には見えない世界のことまで説明できるようになったのは、きわめて大きな飛躍だと思います。

そういう近代科学の「発見」という大事件は、いわゆる「世界三大宗教」の成立から、千年から二千年の隔たりがありました。仏教をつくった釈迦が誕生したのは紀元前六～五世紀、西暦の紀元はキリストの誕生の頃ですし、イスラム教の預言者ムハンマドは六世紀に生まれたとされています。これに対し、近代科学を生んだガリレオは十六世紀、ニュートンは十七世紀に誕生しました。これらの宗教は、科学の方法が確立するはるか以前に発生していたわけです。

――念のため申し上げておくと、私は「世界三大宗教」という一般的な括りがあまり好きではないんです。同じ根を持つキリスト教とイスラム教をひとまとまりに考えて、それと仏教を対比させる、二項対立型の見方でとらえるほうがよいと思っています。仏教は、神や外界の超越者の存在を認めない独特の世界観を持つ宗教なので、キリスト教やイスラム教とはまったく性質が違う。

おっしゃることはよく分かります。私が申し上げたかったのは、世界の主要な宗教が発生したのは、科学革命よりもはるかに昔のことだったので、こうした宗教には近代の科学的知見が反映されていないということです。

ちなみに、さきほど紹介したワインバーグの両親は、ユダヤ教の敬虔な信者だったそうです。ユダヤ教はキリスト教の源流となった宗教で、超越者の存在を信じます。しかし、ワインバーグ自身は、一九七〇年代に書いた『宇宙創成　はじめの3分間』（邦訳　ちくま学芸文庫）の中で、「宇宙のことが分かるにつれて、そこには意味がないように思えてくる」と述べました。この言葉の意味は、日本人の多くにはあまりピンと来ないかもしれませんが、ユダヤ教の家庭に育った彼の宗教的な背景を考えるとよく分かります。

ユダヤ教では、宇宙は神が創生したものなので、そこには神の意図が反映されています。ワインバーグの言葉は、このような考え方に疑問を呈しているのです。

また、人間は神と契約を交わした特別な存在であるというのも、ユダヤ教にとって大切な点です。ところが近代科学が発展するにつれて、どうやら人間は特別な存在ではないことが分かってきました。たとえば、チャールズ・ダーウィンの進化論は、人間と動物の違いを曖昧にしました。佐々木先生のお話では、釈迦の仏教は自分中心の世界観を否定するものだったそうですが、科学の発展も、人間中心の世界観を揺さぶることになります。

科学の発展は、神の存在自体についても疑問を投げかけました。たとえば、ニュートン力学の理論では、ある瞬間のある物体の位置と速さと質量が分かれば、その物体の将来を予言できます。私がここからボールを投げたら、どういう軌道を描いて何秒後に佐々木先生に当たるかを予測できる。すべての現象は物理学の法則に支配され、その計算どおりに進んでいくことが、ニュートンの理論で明らかになったわけです。そこには、神が入り込む余地がありません。

人間は犬、猫、ミミズと同列の存在

十八世紀後半から十九世紀にかけて活躍したフランスの天文学者であり数学者でもあったピエール＝シモン・ラプラスは、ニュートン理論を発展させて、太陽系の惑星の運動を精密に計算しました。その計算に基づく予言は、観測結果と見事に一致。ナポレオン政権の大臣に就任したラプラスは、こうした研究成果をまとめた『天体力学』という著書を皇帝に献上しました。ナポレオンは砲兵出身なので、着弾点を計算するために数学や物理学の素養がありました。そこで、ひととおり目を通すと、ラプラスに向かってこんな感想を口にしました。「おまえの本は評判が高いが、神のことがどこにも出てこないじゃないか」

それに対してラプラスは「私には、神という仮説は無用なのです」と答えます。ラプラスは、ニュートン力学の理論だけで惑星の動きを予言しました。もし計算に合わない動きがあれば、神様にご登場いただき直してもらわなければなりませんが、その必要はありませんでした。太陽系の惑星は、冷徹な自然界の法則だけに従って、時計仕掛けのように動いています。これが、近代科学によってつくられた自然観でした。

その自然観を定着させる上では、さきほど触れた進化論も大きなインパクトがありました。その考え方によれば、人類は誰かが目的を持って創造したものではありません。あらゆる生き物の進化は、突然変異と自然淘汰という偶然によるものです。宇宙の理解が進むにつれて「そこには意味がないように思えてくる」というワインバーグの言葉は、近代科学がつくり上げたそういう自然観を踏まえたものでした。

――仏教の輪廻思想では、人間はまったく特別扱いされません。死んだら、次は犬や猫やミミズになるかもしれないので、すべての生き物が同列になります。もちろん輪廻思想と進化論は本質的に違いますが、結果としては同じ概念を持つことになりますね。

輪廻もある種の法則だとすれば、人間が自然界の法則に従って生きなければいけないと考える点では、近代科学と仏教は似ているようです。もちろん、法則を発見し、検証する方法は違いますが。

話を戻しますと、科学の方法が、宇宙に意味がなく、人間にはあらかじめ目的が与えられていないことを明らかにしたことで、近代人はいかに主体的に生きる目的を見つけるべきかを思い悩むようになりました。輪廻思想は、それよりはるか以前から同じ問題を抱えていたように思います。それに対して、仏教はどのように答えてくれているのでしょうか？

――それが仏教における最初の問題設定なんです。そして、修行によって自分を変えていくプロセスそのものが、自分の生き甲斐になると考える。正しい世界が見えるように自分をつくり上げていくことが、生きる目的なんですね。

なるほど。この世界のことをより深く理解すること自体が目的ならば、私たち科学者はまさに釈迦の教えのとおりに生きていることになりますね。

新しい理論ができると過去の理論は使えなくなる？

ところで、四百年前から発展を続けてきた近代科学には、しばしば誤解される点が二つあります。それについてお話ししておきましょう。

ひとつは、理論の「積み重ね」に対する誤解です。たとえば量子力学や相対性理論などの新しい理論が登場すると、それ以前に正しいとされていたニュートンの力学や重力理論などが完全に葬り去られたと考えてしまう人が少なくありません。革命的な理論によって過去の理論が「間違い」として捨てられたと思ってしまうのです。

しかし物理学の進歩はそういうものではありません。いったん実験や観測によって検証し確立した法則は、次の新しい理論の土台として残ります。新しい理論ができても、古い理論が使い物にならなくなるわけではない。実際、ニュートンの法則は現在でも天体の運動などをほぼ正確に記述することができます。月や火星に宇宙船を送るときにも、ニュートンの力学や重力の法則を使って軌道を計算します。

ただしそれは近似的な正しさなので、たとえばブラックホールのように極端に重力の強い状態には適用できません。その場合は、アインシュタインの重力理論である一般相対性理論を使わなければ、正確に記述することができないのです。

ですから、アインシュタインの理論はニュートンの理論を否定したのではなく、「拡張した」と言うべきでしょう。それは、量子力学とニュートン力学のあいだでも同じことが言えます。マクロな世界の力学はニュートン理論でほぼ完全に説明できますが、ミクロの世界にはそれが当てはまりません。そこまで理論を拡張したのが、量子力学でした。科学の世界では、そうやって新しい理論が登場することで、それまでは説明できなかった自然界のより深いところまで理解できるようになるのです。

科学にまだ謎がある以上、「超常現象」もありうる？

もうひとつ、これと関連した「ありがちな誤解」があります。新しい理論が模索されているということは、まだ自然界には未解明の謎があることを意味しています。そのため、科学では説明できない「超常現象」が起こる余地があるだろうと考える人が少なからずいます。

たとえば私が小学生だった頃には、ユリ・ゲラーという人が超能力でスプーンを曲げることができると主張し、話題になりました。また最近は「水からの伝言」という話があって、水に「ありがとう」などの良い言葉をかけるときれいな結晶ができ、「ばかやろう」などの悪い言葉をかけると汚い結晶になるなどと主張する本もあります。それ以外にも、超自然的な世界観や神秘主義的な考え方を信じる人はたくさんいるでしょう。彼らは「科学ですべてが解明されたわけではないから、これもありうる」と考えているようです。

たしかに、近代科学はまだ自然界のすべてを説明することはできません。しかし、私たちが日常生活で経験する現象を支配する物理法則は、ほぼ完璧に確立しています。

科学の法則は、その適用範囲が決まっています。どこまでは確実に正しく、どこからは修正が必要になるかが、きちんと分かっている。新しい知見によってより根源的な法則が発見されても、既存の法則の適用範囲は変わりません。

もちろん、基本法則が分かっているからと言って、すべての現象を説明できるわけではありません。たとえば地震がいつどこで発生するかを正確に予言することはまだできませんし、千億もの脳の神経細胞の働きからどのように意識が生じるかといったことは分かっていません。

しかし、法則に合わない現象は、起きないと断言することができます。たとえば、テレパシー。人体が発することのできるエネルギーで離れた場所に情報が伝わるとすれば、音か光、電磁波しかありません。そして、これらの現象の仕組みは完璧に分かっていて、テレパシーのような現象がないことは明らかです。また、さきほどの「水からの伝言」の話のように、水が言葉の影響を受けて結晶の形を変えるなどということもありえません。ほとんどの「超常現象」

は、すでに確立している法則によって、簡単に否定できてしまうのです。

宇宙には「始まり」があった！

物質の根源はどこまで小さくなるのか

さて、近代科学が明らかにしたのは、私たちが日常生活で経験するレベルの現象だけではありません。前にも述べたとおり、目には見えないミクロの世界の現象から、広大な宇宙の構造まで、科学は広い範囲の現象を説明することができます。

ここで、その広範な自然界の階層構造を見てみましょう（次ページ図表1-1）。この階層を上下に広げることで、科学は自然界への理解を深めてきました。私たち人間の身長は約一メートルですが、地球から月まではその一〇億倍程度の距離があります。ニュートンの万有引力の法則は、月が地球のまわりを回る現象と、一メートルの木からリンゴが落ちる現象を、同じ理論で説明できるものでした。一メートルの世界と一〇億メートルの世界を理論的に統一することに成功したわけです。

その一〇億メートルをさらに一〇億倍すると、銀河の大きさになります。その構造や成立過程なども、かなりのところまで分かってきました。さらに一〇億倍すると、光で見ることので

図表1-1　自然界の階層構造

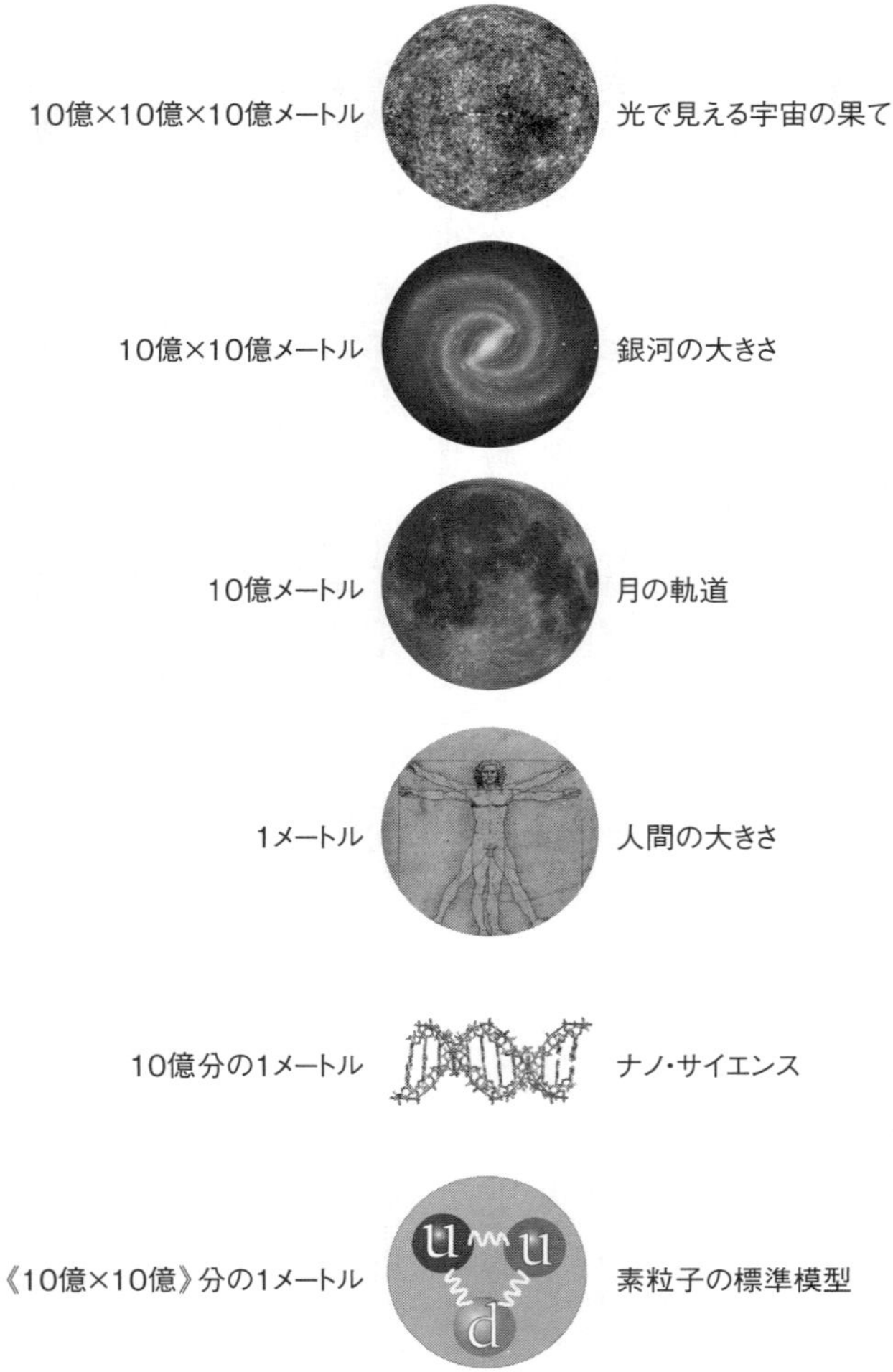

きる宇宙の果てまで到達します。その距離は、およそ一三八億光年。光の速さで一三八億年かかるので、私たちが見ているのは一三八億年前の宇宙ということになります。私たちは、宇宙の果てを見ることもできるし、宇宙が始まった頃の様子を見ることもできるわけです。

一方、ミクロのほうを見ると、一〇億分の一メートルは「ナノメートル」という単位の世界。「ナノ・サイエンス」という言葉もあるように、工学や、佐々木先生が大学時代に勉強された化学などの分野では、現在このスケールの現象が盛んに研究されています。また、私たちの生命の基礎となるDNAの直径もこれぐらいのサイズです。

しかし、極微の研究の最先端はそんなスケールでは収まりません。私の専門分野でもある素粒子物理学が扱うのは、《一〇億×一〇億》分の一メートルの世界です。

科学者は、小さな世界を理解するほど、自然界の根源に迫る、より基本的な法則が明らかになると考えてきました。たとえば生物学では細胞を基本単位として研究してきましたが、より小さな世界を見ると、DNAをはじめとする分子の働きを理解することで、細胞の性質を説明できます。さらにその分子は、より小さな原子という単位からできている。開けても開けてもまた小さな人形が出てくるロシアのマトリョーシカのように、掘り下げれば掘り下げるほど小さな世界、より根源的な世界が見えてきたのです。

極小の素粒子の研究が極大の宇宙の研究につながる

十九世紀までは、原子が自然界のもっとも基本となる物質だと思われていました。しかし二十世紀に入ると、原子にも内部構造があることが判明します。一九〇四年には、日本の長岡半太郎によって、プラスの電荷を持つ原子核のまわりをマイナスの電荷を持つ電子が回っているとする「土星型原子モデル」が提唱されました。それに対して、プラスの粒子とマイナスの粒子が均一に交ざっているとする「ブドウパンモデル」を提唱する研究者もいましたが、一九一一年に行われた実験によって、長岡モデルのほうが原子の姿に近いことが分かりました。

ところが、その原子核も基本単位ではありませんでした。そこにも内部構造があり、陽子と中性子によって原子核が構成されていることが分かったのです。ちなみに、陽子と中性子を結びつける役割を果たす新粒子として湯川秀樹が理論的に予言したのが、中間子でした。

二十世紀後半になると、陽子、中性子、中間子も基本粒子（素粒子）ではないことが分かります。いずれも、クォークという基本粒子が集まった複合粒子でした。

こうなると当然、「そのクォークは何からできているのか」という疑問が湧いてくるでしょう。現在の理論では、クォークだけでも六種類あり、それ以外にも電子やニュートリノ、二〇一二年に発見されたヒッグス粒子などの素粒子があると考えられています。その数は、全部で一七種類。基本単位とするには多すぎるので、その下にもより小さな階層があると考えるのが自然です。

また、もうひとつ別の疑問も浮かびます。マトリョーシカではいつか必ず、いちばん小さい「最後の人形」が出てきますが、物質の基本単位はどうなのか。階層を掘り下げていく作業は永遠に続くのか、それともマトリョーシカのようにどこかで終わるのか。これは物理学にとってきわめて重要な根源的な問いです。もし終わりがあるのなら、そのもっとも深い階層を説明する理論が、自然界の森羅万象の根源を説明する「究極の理論」、つまり「万物の理論（セオリー・オブ・エブリシング）」になるはずです。

物理学は、その「究極の理論」をつくることを、大きな目的のひとつとして発展してきました。私が取り組んでいる超弦理論も、それを目指す試みのひとつにほかなりません。

それについてはまたのちほどお話しすることにします。このように、近代科学は四百年の歳月をかけて、「極大」の世界と「極小」の世界をどちらも大きく押し広げ、自然界への理解を深めてきたのです。

しかも、その両極はかけ離れたものではありません。むしろ、「極大」と「極小」の研究は、とても近いところにあります。自然界への理解が深まるにつれて、この世でもっとも大きな世界を探究する天文学と、この世でもっとも小さな世界を探究する素粒子物理学が、密接に関係していることが分かってきたのです。素粒子物理学は「物質の根源」を求めて自然界の階層を掘り下げてきましたが、それが「宇宙の根源」ともつながっていると考えられるのです。

あらためて考えると不思議、「夜はなぜ暗いのか」

天文学と素粒子物理学を結びつけるきっかけとなったのは、いわゆる「ビッグバン宇宙論」でした。これは、宇宙に「始まり」があるとする考え方です。しかしその話をする前に、ちょっとこんな問題について考えてみましょう。「夜はなぜ暗いのか」

急に素朴な疑問を投げかけられて戸惑うかもしれませんが、この問題は宇宙の始まりの話と深いところで結びついています。

もし小さな子供にこれを質問されたら、あなたはどう答えるでしょうか。ほとんどの人は、「太陽が沈むから」と答えると思います。明るく輝く太陽が地球の裏側に隠れてしまうから、夜は暗くなる。そう聞けば、子供も納得するでしょう。

でも、よく考えてみると、これは決して当たり前ではありません。というのも、宇宙には太陽のような星がたくさんあるからです。これらは地球上が夜になっても隠れることがありません。もちろん、ひとつひとつの星から届く光は太陽よりはるかに弱いのですが、その代わり、地球から離れた場所ほど星はたくさんあります。

ここで、図を見ていただきましょう。地球からの距離が二倍になると、星からの光は四分の

図表1-2　オルバースのパラドックス

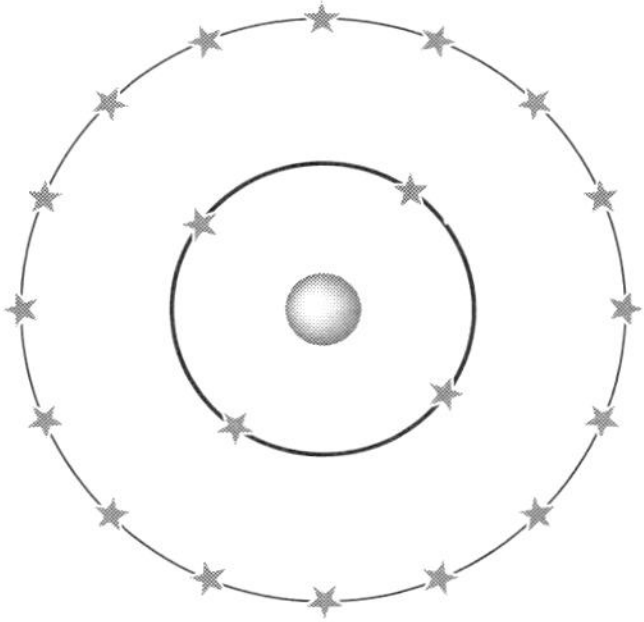

距離が2倍になると、星からの光の強さは4分の1になるが、星の数は4倍。距離が2倍になっても、星々から届く光の強さは同じ。これらが合わさると、夜空は無限の強さの光で輝く……はず?

一の強さになります。しかし、宇宙空間に星が均一に散らばっているとすると、(半径が倍になると面積は四倍になるので)星の数は四倍です。したがって、二倍先であっても、星々から届く光の総量は変わりません。一〇〇光年先から届く光も、五〇〇光年先から届く光も、一〇億光年先から届く光も、同じ強さで地球上に降り注ぐはずです。それを全部合わせると、宇宙が無限に広がっていれば、星々から届く光の強さも無限に明るくなる。太陽が沈んでも夜空では無数の星がギラギラと輝き、地上が暗くなることはないはずです。

しかし現実にはそんなことはありません。この矛盾は、十九世紀にこれを指摘したドイツの天文学者の名を取って「オルバースのパラドックス」と呼ばれています。二十世紀に入るまで、この謎は解けませんでした。
ただし、この問題が科学的に解決するより何十年も早く、鋭い指摘をした人物がいます。史上初の推理小説とされる『モルグ街の殺人』の作者としても有名な、米国の作家エドガー・アラン・ポーです。彼は一八四八年に発表した『ユリイカ』という散文詩の中で、こんなことを書きました。

星々に限りがなければ、空の背景には、星の存在しない点など絶対にありえないので、空は銀河のように一様の輝きを見せるはずである。にもかかわらず、望遠鏡であらゆる方向に空虚な世界が見つかっているということは、距離があまりに遠いので、我々のところまで、まだ光線が届いていないと考えるしかない。

オルバースの死から八年後に書かれたものですから、ポーは「オルバースのパラドックス」を知っていたのかもしれません。いずれにしろ、前段はまさにオルバースの指摘した問題そのものです。その問題に対して、ポーが推理小説創始者ならではの洞察力によって立てた仮説は、二十世紀に検証された科学的事実を見事に予言していました。

「宇宙膨張」の発見からビッグバン理論へ

それが検証されたのは、一九二九年のことです。米国の天文学者エドウィン・ハッブルが、遠くの銀河ほど地球からその距離に比例して速く遠ざかっていることを発見しました。これは、宇宙全体が膨張しているとしか考えられません。

遠い星ほど速く地球から遠ざかっているとすれば、その速さはあるところで光速を超えるでしょう。すると、そこにいくらたくさんの星があっても、その光は地球まで届きません。ポーが予言したとおり、「距離があまりに遠いので、光線が届いていない」のです。

――アインシュタインの特殊相対性理論では光速を超えて移動することはできないとされていますが、宇宙の膨張速度が光速を超えることはできるのですか？

おっしゃるとおり、アインシュタインの理論によれば光速は「宇宙の制限速度」です。しかし実を言うと、それは「同じ場所で二つの物体が光速を超える速度ですれ違うことはできない」という意味なんですね。遠くの物体が光速よりも速く飛んでいっても、特殊相対性理論とは矛盾しません。

宇宙の膨張が「オルバースのパラドックス」を解決することは、別の見方で説明することもできます。現在、宇宙が誕生したのは約一三八億年前であることが分かっています。したがって、一三八億光年先より遠くにある星の光は、まだ地球まで届きません。宇宙ができてから現在までに地球に光を届けることができる宇宙の範囲は有限である。これが、もうひとつの説明です。ですから、オルバースのパラドックスは宇宙に「始まり」があったことと深く結びついていたのです。

ハッブルが宇宙の膨張を発見するまで、宇宙が永遠不変の空間だという考え方もありました。しかし膨張しているとなると、そうはいきません。時計を逆回しにすれば、昔の宇宙は現在よりも小さかったはずです。極限までさかのぼれば、それ以上は小さくならない瞬間、つまり宇宙の「始まり」にたどり着くでしょう。

その宇宙は、超高密度で超高温だったはずです。そこから、宇宙が熱い「火の玉」から始まったとするビッグバン理論が生まれました。

実は、宇宙が膨張していることは、ハッブルの発見以前にも予想されていました。アインシュタインの理論によって、その可能性があることは分かっていたのです。アインシュタインは一九一五年に重力の働きを明らかにする一般相対性理論を築き上げましたが、その方程式を宇宙全体に当てはめて計算したところ、宇宙に始まりがあるという解が得られたのです。

ところがアインシュタインは宇宙が永遠不変だと信じて疑わなかったため、「これはおかしい」と考えて、その解を捨ててしまいました。そして、宇宙が重力によって収縮しないようにするために、重力を押し返す力が存在するはずだと考え、方程式に「宇宙項」と呼ばれる力を追加したのです。

宇宙の始まりが「火の玉」だった証拠があった！

――宇宙に始まりがあるという考え方は、「神が最初に世界を創造した」とする一神教の概念とよく似ています。アインシュタインは科学者としてそういう宗教的な見方を受け入れられなかったから、宇宙に始まりなどないと信じたのでしょうか。

アインシュタインが宇宙項を考え出したのには、科学哲学者のエルンスト・マッハの影響があったと言われており、宗教的な理由があったかどうかは分かりません。しかし、ビッグバン理論が、世界創生の神話と相性が良いのは確かです。たとえばローマ法王は、かなり早い段階でビッグバン理論を受け入れました。一方で、宗教を認めなかった社会主義時代のソ連では、ある時期までビッグバン理論が禁じられていました。危険思想と見なされていたため、ビッグバン理論を研究する物理学者がシベリアの収容所に送られてしまったこともあるぐらいです。

ビッグバンの痕跡について最初に考えたのは、ソ連から米国に亡命した物理学者ジョージ・

ガモフのグループでした。しかし、ガモフらの理論には、科学者のあいだでも賛否両論がありました。そもそも「ビッグバン」という言葉自体、その理論に否定的な立場だったフレッド・ホイルという著名な天文学者が、揶揄《やゆ》して使ったものです。ホイルは、宇宙が膨張しても、次々に物質が生み出されて、宇宙の中の物質の密度は変わらないとする「定常宇宙論」を主張していました。

しかし一九六四年に、科学者たちがビッグバン理論を認めざるをえない発見がありました。米国のベル研究所で電波天文学の研究をしていたアーノ・ペンジアスとロバート・ウィルソンの二人が、宇宙のあらゆる方向から届くマイクロ波を検出したのです。

ガモフは、自分の主張するビッグバンがあったとすると、その「火の玉」から発せられた光の波長が宇宙の膨張によって引き伸ばされ、現在では全天から届くマイクロ波として観測されるはずだと予言していました。ベル研究所のアンテナが受信した電波の波長は、その理論で予言された数値と一致し、ビッグバン理論の検証になったのです。

もっとも、ペンジアスとウィルソンはビッグバン理論の研究をしていたわけではありません。天の川銀河からの電波を受信するために、アンテナを調整していたのです。そのためガモフの予言のことなどまったく知らず、当初は、受信した電波を原因不明のノイズとしか思わなかったそうです。アンテナ自体に不具合があるのだろうと考えた二人は、アンテナに巣をつくっていたハトの糞を掃除するなどしましたが、それでもノイズは消えません。そこでプリンストン大学の天文学者ロバート・ディッケに電話をかけ、「あらゆる方向からマイクロ波が来ているようだ」と相談しました。

それを聞いたディッケは、いったん受話器を置いて、研究室の仲間たちに「諸君、どうやら先を越されたようだ」と告げたと言います。ディッケらのグループはビッグバン宇宙論を知っていて、大学の屋上に大きな望遠鏡を設置し、マイクロ波の検出に挑もうとしていたのです。一方、ディッケたちを出し抜いて歴史的な大発見をしたペンジアスとウィルソンは、新聞の一面でそれがニュースとして取り上げられるのを見るまで、自分たちが受信した電波の重要性が分からなかったそうです。

初期宇宙の「ゆらぎ」が星や銀河の「種」になった

このようにして偶然発見された「宇宙マイクロ波背景放射（CMB＝Cosmic Microwave Background radiation）」が、ビッグバンの証拠となりました。宇宙には「始まり」があったのです。

その後もCMBの精密な観測が続けられており、宇宙の成り立ちについて多くのことが分かってきました。たとえば一九九二年には、米国のCOBE衛星が宇宙空間からCMBを観測し、そこにわずかなマイクロ波の「ゆらぎ（強弱）」があることを明らかにしています。

ペンジアスとウィルソンの時代の観測では、CMBは宇宙のどこを測ってもまったく強さが変わらない、一様かつ等方に降り注ぐマイクロ波のように見えました。しかし精度の高いCOBE衛星による観測によって、たった一〇万分の一程度の差ではありますが、マイクロ波の強い部分と弱い部分があることが分かりました。

実は、これはあらかじめ予測されていたことでした。極小のミクロの世界だった初期宇宙には量子力学的な効果によって空間にゆらぎがあり、それが宇宙膨張によって引き伸ばされる。これが、現在の宇宙に焼きついて、マイクロ波の強弱として観測されると理論的に予言されていたのです。

このゆらぎは、私たちの存在と切っても切り離せません。というのも、もし初期宇宙の量子ゆらぎがなく、CMBも完全に一様かつ等方であったならば、星や銀河は生まれなかったでしょう。空間にエネルギーの高い部分と低い部分があるからこそ、高い部分により多くの物質が集まり、星や銀河などの構造物ができあがったのです。つまり、星や銀河の「種」となったのが、このゆらぎだと言っていいでしょう。星が生まれなければ、当然、私たちが生まれることもなかったのです。

宇宙空間は曲面ではなく真っ平ら

また、ＣＭＢの観測によって、宇宙空間が「平坦」、つまり真っ平らであることも分かりました。三次元空間が平坦かどうかというのは、分かりにくい話かもしれませんが、二次元の面が平坦だったり曲面だったりするのと同様に、空間にもいろいろな曲がり方が考えられます。その曲がり方がどうなっているのか、宇宙はどんな形をしているのかは、宇宙論の中で大きな問題でした。

それを調べる方法のひとつは、宇宙空間に描いた三角形の内角を測って足し合わせることです。小学校の算数では「三角形の内角の和＝一八〇度」と習いますが、それが成り立つのは平面が平坦なときだけ。たとえば球の表面に三角形を描くと、そうはなりません。それは、地球儀の上で、北極点から赤道に向かって直角に二本の線を引いてみれば分かります。この二本の線は、赤道とも直角で交わります。ですから、二本の線と赤道のつくる三角形を考えると、そ

図表1-3　三角形の内角の和は何度?

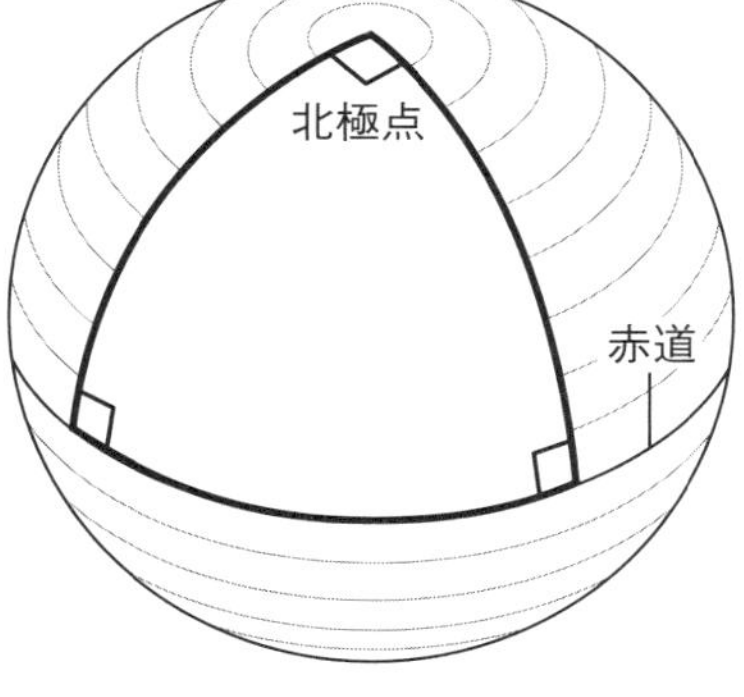

球面上の三角形の内角の和は180度よりも大きい

の三つの角はどれも九〇度です。そうすると、内角の和は一八〇度ではなく、九〇＋九〇＋九〇＝二七〇度。このように、球面上の三角形の内角の和は必ず一八〇度より大きくなります。曲がり方が強いほど、一八〇度からのズレが大きくなる。同じように、三次元空間でも、三角形の内角を測って足し合わせることで、空間の曲がり方の強弱が分かります。

一九九七年から一九九八年にかけて、カリフォルニア工科大学のアンドリュー・ラングらのグループが、南極の上空に観測気球を打ち上げ、ＣＭＢのゆらぎの大きさを精密に測りました。ゆらぎの大きさが正確に分かると、左図のようにゆらぎの二点と地球上の一点を結ぶ三角形を描くことができます。地球から引いた二辺が一〇〇億光年もある巨大な三角形です。宇宙空間全体の曲がり方を知るためには、これぐらい大きな三角形を描かなければ、正確な計測はできません。

この壮大な三角測量の結果、その内角の和はほぼ一八〇度であり、宇宙空間はほぼ平坦であることが分かりました。

実は、宇宙が平坦なことと、私たち人間が宇宙に誕生できたこととのあいだには、深い関係があります。というのも、アインシュタインの重力理論を使うと、空間の曲がり方は宇宙の膨張の仕方を左右することが分かるからです。

仮に、ビッグバンのときに空間が球面のように曲がっていたとすると、ほんの少しの曲がり

図表1-4　2辺が100億光年の三角測量

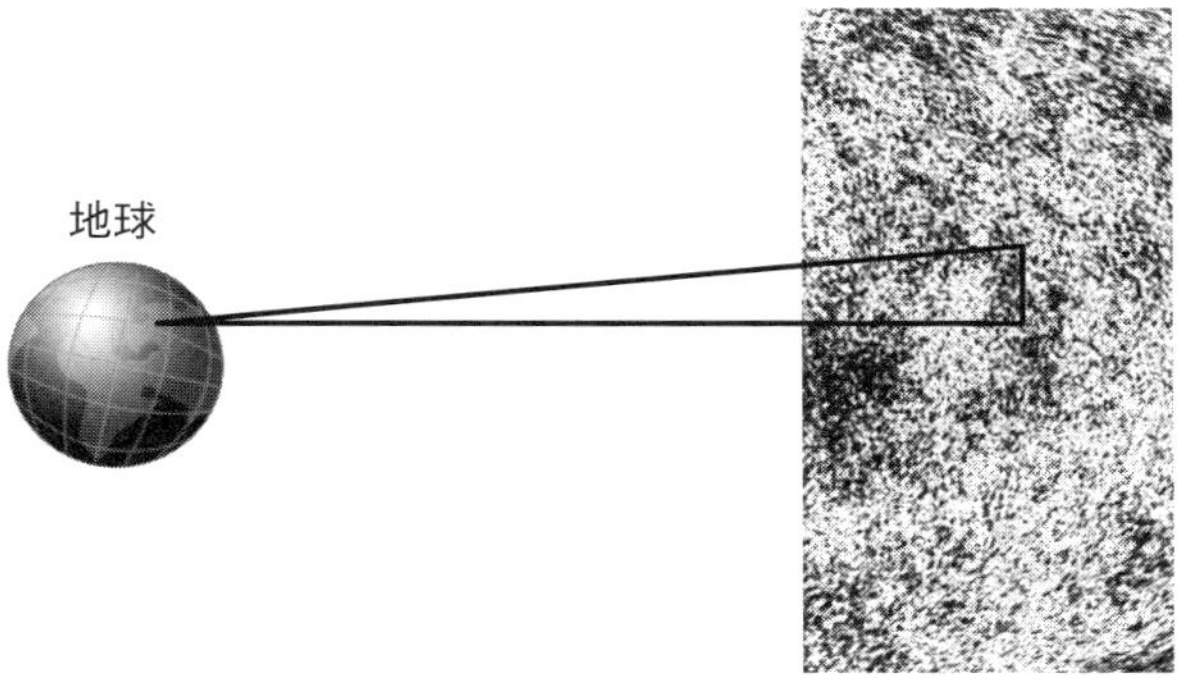

マイクロ波のゆらぎの観測で、宇宙に広がった三角形の内角が測れる

方でも、宇宙はあっという間に収縮してつぶれてしまっただろうということが、アインシュタインの重力方程式を解くと分かります。逆に、三角形の内角の和が一八〇度より小さくなるような曲り方をしていたら、宇宙は急激に膨張してしまったことでしょう。いずれにしても、太陽や地球ができることもなかったはずだと考えられます。

ところが、私たちの宇宙は平坦で、一三八億年かけてゆっくりと膨張してきたので、その間に太陽ができ、地球ができ、四〇億年前には地上に生物が誕生して、それが私たちのような知的生物に進化するまでの時間がありました。

なぜ宇宙が真っ平らな状態から始まったのかは、まだ分かっていません。日本の佐藤勝彦や米国のアラン・グースが提唱しているインフレーション宇宙論の目的のひとつは、それを説明することです。いずれにしても、宇宙空間が平坦だったから、私たちがここにいるというわけです。

私たちが解明できたのは宇宙のほんの五%

ところが、宇宙空間が平坦であることが分かったのとほぼ同じ時期に、別の理由で、宇宙の膨張が加速しているという驚くべき事実が明らかになりました。遠方の超新星が遠ざかる速度を観測し、昔の宇宙と現在の宇宙の膨張速度を比較したところ、いまからおよそ九〇億年ほど前に、宇宙の膨張が加速に転じたことが分かったのです。

さきほど説明したように宇宙空間は真っ平らなので、宇宙が通常の物質でできているのなら、物質の重力によって膨張は減速していくはずです。ところが、観測してみると加速していたので、何か私たちの知らない「斥力《せきりょく》」があることになります。

この斥力の原因はまだ分かっていませんが、特別な種類のエネルギーであれば説明できるので、「ダークエネルギー（暗黒エネルギー）」と名づけられました。

その後の精密な観測の結果、斥力の原因がダークエネルギーだとすると、それは宇宙の全エネルギーの六八%を占めているはずであることが分かりました。「宇宙の全エネルギー」と言う場合、そこには星や銀河などの物質も含まれています。アインシュタインが特殊相対性理論で示した有名な式「$E=mc^2$」によって、物質の質量はエネルギーに転換できるからです。そう考えると、いかにダークエネルギーの存在が大きいかが分かるでしょう。

それだけではありません。宇宙には、これまでの素粒子物理学が解明してきた通常の物質とは異なる謎の物質が、大量にあることも分かっています。こちらも正体が不明なので、「ダークマター（暗黒物質）」と名づけられました。光を発しないので見ることはできませんが、ダークマターがなければ銀河の回転の仕方などを説明することができないので、それが存在することは間違いありません。

そして、このダークマターの質量をエネルギーに換算すると、宇宙の全エネルギーの約二七％になります。さきほどのダークエネルギーと合わせると、九五％。つまり宇宙の九五％は「ダーク」な謎に包まれているということです。現在の物理学が解明した物質は、わずか五％にすぎません。星や宇宙や私たちの体をつくっている物質のことを理解すれば自然界の成り立ちを説明できると信じて研究を進めてきたら、それが宇宙のほんの一部でしかないことが分かったのです。

そう聞かされると、「四百年間におよぶ近代科学の積み重ねは何だったのか」と溜め息をつく人もいるかもしれません。しかし、その四百年があったからこそ、ダークエネルギーやダークマターという新たな謎が見つかりました。私はこれを、コロンブスのアメリカ大陸発見のようなものだと思っています。

クリストファー・コロンブスはイタリアの数学者で天文学者でもあったパオロ・トスカネッリの計算を信じて、ひたすら西へ進めば、中国や黄金の国日本（ジパング）に近道ができる、そして、貿易によって大きな富を得ることができると、スペインの女王に航海を提案しました。しかし、トスカネッリの計算は間違っていました。西へ西へと船を進めると、そこには未知の大陸が横たわっていたのです。この「発見」によって、世界の歴史は大きく変わりました。

物理学も、四百年かけて理論を積み上げ、観測技術を高めてきたことで、宇宙の九五％を占める巨大な謎に突き当たりました。この謎を解明すれば、人類の自然観や宇宙観は大きく変わるでしょう。まさに、従来の常識や先入観という名のフィルターが剥ぎ取られて、宇宙の真理がよりはっきりと見えてくるだろうと思います。そういう大きな謎に直面するのは、私たち科学者にとって無上の喜びでもあるのです。

「時間と空間の常識」が覆される

物質がない状態では時間も空間も存在しない？

ここまでお話ししてきたように、宇宙にはビッグバンという「始まり」があると分かりました。この発見の背景にあるのは、私たちの空間と時間についての考え方を大きく変えたアインシュタインの重力理論です。
ふつうに暮らしているかぎり、時間や空間の存在に疑問を抱くことはありません。しかし、アインシュタインの重力理論は、時間や空間も変わりうるものだと考えます。そして、この理論を宇宙全体に当てはめると、宇宙には始まりがあった、つまり、それ以前には時間も空間もなかったということになるのです。

――仏教では、時間は無限の過去から無限の未来へ止まることなく続くと考えます。その時間の流れの中で、私たちは永遠に輪廻をくり返す。輪廻から離脱して涅槃《ねはん》に入ることを「解脱《げだつ》」と言いますが、これは時間の枠組みの外へ出ることにほかなりません。涅槃では時間が「止まる」のではなく、時間という概念自体が存在しないのです。ちなみに、時間の流れる世界のことを仏教では「有為《うい》」、時間のない世界のことを「無為《むい》」と言うんですね。いろは歌の「うゐのおくやまけふこえて」の「うゐ」は、この「有為」のこと。あれは、時間のある世界から山を越えて涅槃に入りましょう、という歌なんです。

なるほど。悟りを得た仏教者は、時間のない状態になるわけですね。はたして時間の「ない」状態がありうるのかどうか。あるとすれば、どのように表現したらよいのか。これは、物理学にとっても興味深い問題です。

そもそも時間や空間が無条件に「ある」という考え方は、人類の歴史の中でも決して当たり前のものではありません。たとえば古代ギリシアのアリストテレスは、物質のない状態では時間も空間もないと考えていました。時間は物事の起こる様子を表すためにあり、空間は物体の場所を決めるためにある。物質のないところでは、何の現象も起きないので、時間も空間も存在しないと主張したのです。

それに対して、物質のないところにも「絶対時間」と「絶対空間」が存在すると考えたのが、ニュートンでした。まず前提として絶対的な時間と空間があり、物理現象はその枠組みの中で起こる。物質がお芝居を演じる役者だとすれば、時間と空間はそのためにあらかじめ用意された「舞台」のようなものだと考えるわけです。これは、ニュートンが自分の力学理論をつくるために導入した新しい概念でした。それが四百年のうちに、私たちの「常識」として定着したわけです。

「時間と空間は誰から見ても同じ」ではなかった!

しかし物理学の世界では、二十世紀に入ってすぐに、その「常識」が覆されました。時間と空間の概念を変えたのは、言うまでもなく、アインシュタインです。一九〇五年に発表された特殊相対性理論は、ニュートンが導入した「絶対時間」や「絶対空間」が存在しないことを明らかにしました。その理論によれば、時間と空間は「誰から見ても同じ」ではありません。観測者によって、見え方が違ってくるのです。

アインシュタインの発見のきっかけは、「光速度不変の原理」でした。まず、それから説明しましょう。

日常の経験では、物体の速度は観測の仕方によって変わります。たとえば時速四〇キロメートルで走っている列車は、線路の脇で止まっている人から見れば時速四〇キロメートルですが、同じ速度で並走する列車からは時速ゼロキロメートル、つまり止まっているように見えます。また、時速三〇キロメートルで同じ方向に走っている列車からは、四〇－三〇＝時速一〇キロメートルで走っているように見えるでしょう。一方、反対方向に時速三〇キロメートルで走っている列車からなら、四〇＋三〇＝時速七〇キロメートルで遠ざかっているように見える。このように、対象物と観測者の速度のあいだで、足し算や引き算が成り立つわけです。

ところが二十世紀に入ると、光についてはこの足し算、引き算が成り立たないことが実験によって分かりました。どんな速度で移動している観測者からも、光は常に同じ速度に見えるのです。もしそうでなければ、光速で飛んでいる人には光が止まって見えるので、その人が手に持つ鏡には自分の顔がいつまで経っても映らないでしょう。これはアインシュタイン自身が行った思考実験ですが、光は誰から見ても光速で飛ぶので、そんなことは起こりません。そして、光の速度が誰から見ても同じだとすると、時間のほうにズレが生じます。それを理解するために、こんな思考実験をしてみましょう。

左図のように、光源から等距離に立っているAさんとBさんが、ジャンケンをします。光源から出た光が見えたらグー、チョキ、パーを出すというゲームです。後出しをしないよう、二人は光を見た瞬間にグー、チョキ、パーを出さなければいけません。ここではAさんがグー、Bさんがパーを出して、Bさんが勝ちました。公平なルールの下で同時にジャンケンをしたので、負けたAさんは文句をつけません。

しかし、このジャンケン勝負が光速に近い猛スピードで走る列車の中で行われた場合、それを線路脇から見ていた人からクレームがつく可能性があります。外から見ている人には、Bさんが「後出し」をしたように見えるからです。それは、なぜか。

図のように、列車の進行方向を向いているAさんは、光源から光が発せられたあと、その光源に近づいていきます。逆に、進行方向に背を向けているBさんは、光源から遠ざかっていきます。外から見ている人にも光の速さは同じですから、Aさんが光を見てグーを出したとき、Bさんにはまだ光が届いていません。そのため、外にいる人には、Bさんが少し遅れてパーを出したように見えるのです。

図表1-5　同時性は観測者によって変わる

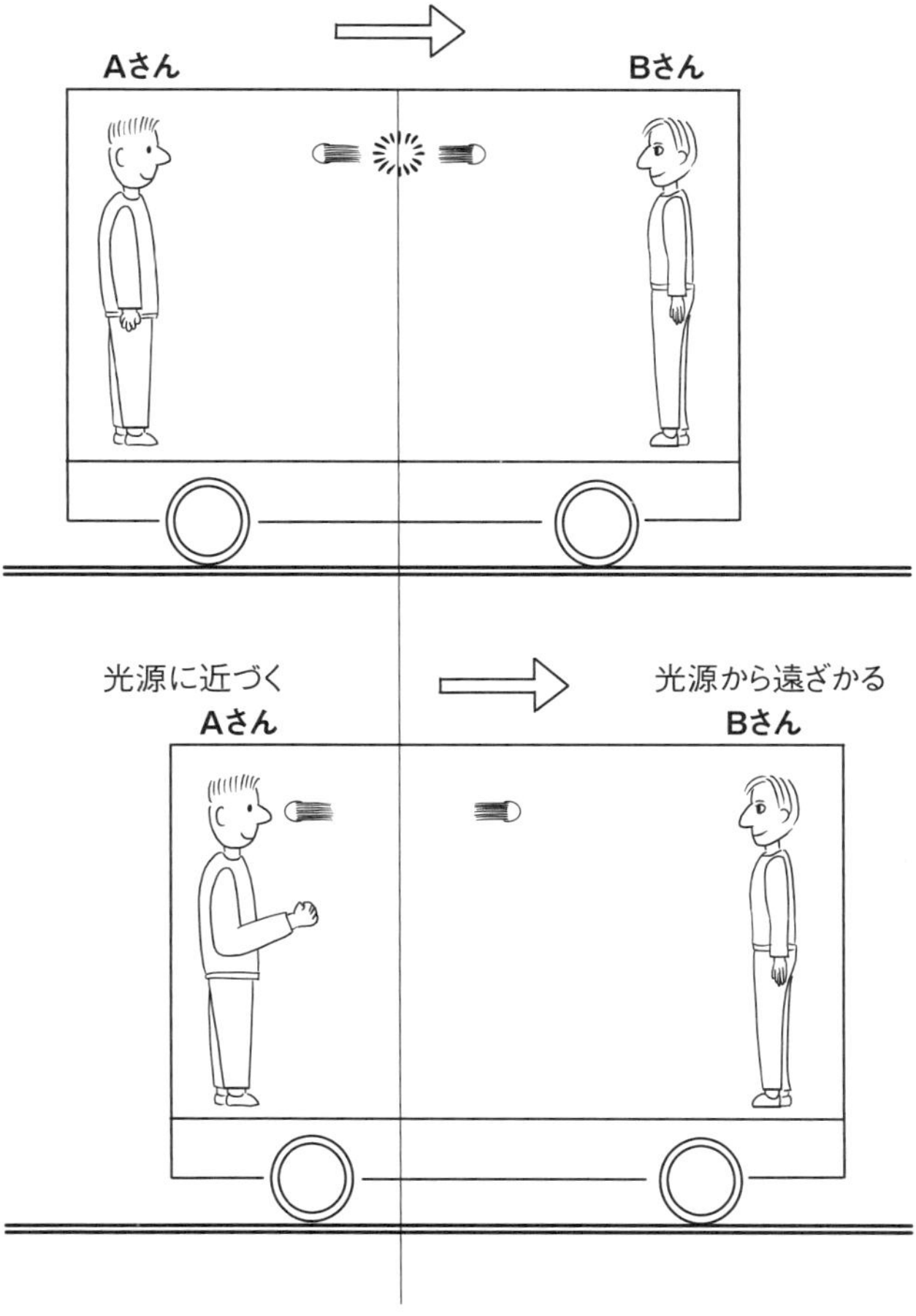

線路脇にいる人にはBさんが後出しをしたように見える

このように、光速が誰から見ても一定だとすると、何をもって「同時」とするのかが分かりません。列車の中のAさんとBさんにとって同時に起きた現象が、列車の外にいる人にとっては同時ではないのです。つまり、「同時性」は観測者によって変わる。したがって、万人に共通の「絶対時間」は存在しないことになるのです。

時計合わせの苦労が特殊相対性理論のヒントに？

これは余談ですが、特殊相対性理論の論文を執筆した当時、アインシュタインは大学での職を得ることができず、友人のつてを頼ってスイスのベルンの特許庁に勤務していました。実はそれが、特殊相対性理論の発見に寄与したという説があります。

というのも、当時のヨーロッパは鉄道網が発達し、時刻表どおりに列車を運行させることが重要になっていました。そのためには、すべての駅で時計を合わせる必要があります。しかし、これはそう簡単なことではありません。そこで、いろいろな人たちが離れた駅の時計を合わせるためのアイデアを考え、特許を申請しました。その書類を読んで審査するのが、アインシュタインの特許庁での仕事だったそうです。

だとすれば、アインシュタイン自身も「時間を合わせるとはどういうことか」を日頃から考えていたかもしれません。それが「同時性」をめぐる理論に影響を与えた可能性はあるでしょう。

日常世界の鉄道網では各駅の時間を合わせることが可能です。厳密に言えば、新幹線で東京から博多まで移動した人の時間は遅れるのですが、それはナノ秒（一〇億分の一秒）程度にすぎません。放っておいても、実生活には何の影響もないでしょう。しかし列車が光速に近いスピードで走る極端な世界の鉄道網を考えると、どうやってもダイヤの乱れを避けることはできません。

極端な状況を考えなければ実感できない話なので、「万人に共通の絶対時間」が存在しないことを納得するのはなかなか難しいでしょう。だから日常レベルではいまだにニュートン以来の「フィルター」が外れないわけです。しかし、物理学では、従来の理論を極限状況に当てはめることで、その正しさを確かめるのが常套手段です。そこで古い理論が破綻していれば、それを補正するための新しい理論が必要になる。過去の理論を「拡張」するとは、そういうことなのです。

重力の正体は「時間と空間の歪み」

アインシュタインが特殊相対性理論の十年後に発表した一般相対性理論も、ニュートンの重力理論を拡張したものでした。ニュートンは不変の「絶対空間」を前提として万有引力の法則をつくりましたが、アインシュタインの理論では、質量を持つ物体があると、そのまわりの時間と空間が歪みます。

たとえば月は地球のまわりを回っていますが、もし時間や空間が歪んでいなければ真っ直ぐに運動し、地球から離れてどこかへ飛んでいくでしょう。しかし実際には、地球のまわりの時間や空間が曲がっているので、月の運動も曲がります。時間や空間の歪みは目に見えないので、それが月と地球のあいだで引力が働いているように見えるのです。

アインシュタインの理論が正しいことは、重力の強い場所で確認されました。それは、水星軌道のあたりのことです。

ニュートンの理論では、水星の動きを正確に説明できませんでした。そのため、水星の軌道の内側に、もうひとつ未知の惑星があるのではないかと予想され、「バルカン」という名前までつけられて探索されたのですが、これが見つかりません。

しかしアインシュタインの理論では、そこに惑星がなくても、水星の動きを見事に説明できました。水星のように太陽に近く、強い重力の影響を受ける「極端な状況」では、ニュートンの理論が破綻していたのです。

GPSが実用化できたのはアインシュタインのおかげ

アインシュタインの相対性理論は、時間や空間に対する考え方を本質的に変えてしまいました。日常生活では時間や空間の歪みを実感できないので、いまだにその理論を半信半疑で見ている人もいると思いますが、すでにそれは身近なところで使われています。

その代表は、GPSでしょう。カーナビゲーションやスマートフォンの地図アプリなど、GPSのおかげで私たちは自分の位置を正確に知ることができます。しかし、たとえGPS衛星をロケットで打ち上げる技術があっても、相対性理論を使わないと正確に作動しません。

なぜなら、まず、GPS衛星は地球の上空を猛スピードで回っています。そのため、特殊相対性理論の効果によって、時間が遅れてしまうからです。また、上空は地上よりも地球の重力が弱くなります。一般相対性理論では、重力が強いほど時間がゆっくり進むので、これもGPSの時間にズレを生じさせる。この二つの相対論効果を考慮に入れて、時計を補正しないと、距離も正確に測ることができません。放っておくと、一日に一一キロメートルも距離がズレてしまいます。これでは何の役にも立たないでしょう。

GPS衛星や打ち上げ用ロケットの開発自体には、相対性理論は必要ありません。ですから、もしアインシュタインがいなかったら、人類は時間補正なしのGPS衛星を打ち上げ、使用を始めてから距離が合わないことに気づいたことでしょう。あらかじめアインシュタインが理論をつくってくれていたから、最初から補正して使うことができたのです。

「事象の地平線」に囲まれた天体、ブラックホール

そんなわけですから、相対性理論は私たちの日常生活とも無縁ではありません。ただしその一方で、一般相対性理論の効果がもっとも顕著に現れるのが、きわめて非日常的な状況であることも確かです。たとえば、「ブラックホール」です。

ブラックホールの存在自体は、一般相対性理論が登場する以前から予言されていました。十八世紀の終わり頃のことです。英国のジョン・ミッチェルという天文学者が一七八四年、さきほど紹介したフランスのラプラスも一七九六年に、どちらもニュートン理論に基づいて「光さえも脱出できない天体」がありうることを指摘していたのです。

ある天体から脱出する場合、そのために必要な速度（これを「脱出速度」と言います）は天体の重力が強いほど大きくなります。たとえば地球の場合、脱出速度は秒速一一キロメートル。これよりも速く投げ上げられた物体は、地球の重力を振り切って宇宙に飛んでいきます。地球よりも重力の弱い小惑星からは、もっと遅い速度でも脱出できるでしょう。あまりパワーの大きくない日本の探査機「はやぶさ」が小惑星イトカワから飛び立って帰ってくることができたのは、イトカワからの脱出速度が小さいからです。

天体の重力の強さは、その天体の質量だけでは決まりません。物質の密度が高ければ、小さな天体でも重力は強くなります。密度が高いほど脱出速度が大きくなるなら、極端に密度の高

い天体は脱出速度が光速を超えることになるでしょう。それは、ニュートンの理論からも想像することができました。しかし、それがどのような天体なのかを精密に調べられるようになったのは、アインシュタインの理論が出てきてからです。

一九一五年に一般相対性理論が発表されると、その重力方程式からひとつの重要な解が導き出されました。それを見つけたのは、カール・シュバルツシルトというドイツの天文学者です。当時は第一次世界大戦の真っ最中で、シュバルツシルトも砲兵技術将校としてロシア戦線に従軍していました。

そこで方程式の解を見つけた彼は、アインシュタインに手紙でそれを知らせます。論文はアインシュタインがシュバルツシルトに代わって提出。しかし、残念なことに、シュバルツシルトは論文発表から四カ月後に、従軍中の病気によって亡くなってしまいました。

アインシュタインの重力方程式は、物質が存在することによって周辺の時間や空間がどう変化するかを表しています。したがって、物質の質量や密度を極端に上げたときに何が起こるかも分かる。シュバルツシルトは、ある条件の下では重い天体のまわりに「事象の地平線」ができるという解を導き出したのです。

ここで使われている「地平線」という言葉は、「その先は見ることができない」という比喩的な意味です。地平線の向こうが見えないのと同じように、事象の地平線の先も見ることはできません。その向こう側にある天体の重力によって、事象の地平線から先は脱出速度が光速を超えてしまうからです。この事象の地平線に囲まれた天体こそが、ブラックホールにほかなりません。事象の地平線を超えて向こう側に入ったものは、決してそこから出てくることができないのです。

ブラックホールに飛び込むと何が起きるのか

——地平線や水平線の場合、そこに留まっていると先は見えませんが、車や船に乗ってどんどん進んでいけば見えてきます。ブラックホールも、事象の地平線を超えて突き進んでいけば、内部の様子は見えるんですか。

アインシュタインの理論によると、ブラックホールが大きければ、事象の地平線を無事に通り抜け、その中で何が起きているかは分かると考えられます。しかし残念ながら、ブラックホールに飛び込んだ佐々木先生が、そこで見たことを私に伝えることはできません。ブラックホールの地平線は、一方通行で、いったん通り抜けると元に戻れないのです。地平線からの脱出速度はちょうど光の速さで、それより中からは光速を超えないと脱出できないからです。

では、宇宙船に乗ってブラックホールに向かった佐々木先生がどうなるかを考えてみましょう。佐々木先生は、私に「毎日メールで報告を入れます」と約束して旅立ったと思ってください。最初のうちは、約束どおり毎日メールが私に届きます。ところがブラックホールに近づくにつれて、それが一週間に一度になり、一カ月に一度になり、一年に一度になっていくでしょう。

佐々木先生が連絡をサボっているわけではありません。外から観測している私から見ると、重力が強まるにつれて、私からは佐々木先生の時間が遅れて見えるのです。もし宇宙船内の様子まで見ることができたら、最初はふつうにキーボードを叩いていた佐々木先生の指が、やがてスローモーションのようにゆっくり動いて見えるでしょう。

そして宇宙船が事象の地平線に到達すると、私から見た佐々木先生の時間の遅れは無限大になります。つまり、時間が止まってしまう。外から見ると、宇宙船は事象の地平線上で止まったままピクリとも動きません。船内の佐々木先生も止まったままです。涅槃に入ったのなら仏教者として悟りを開いたことになるのかもしれませんが、さきほどのお話では「時間が止まる」と「時間がない」は同じではないので、そういうわけでもありません。しかも佐々木先生自身の時間は動いているので、涅槃ではなくブラックホールに突入しているはずなのです。佐々木先生は、私へのメールも送り続けているつもりです。

事象の地平線を超えた瞬間に、それまでと違う強い重力を感じるようなこともありません。

自由落下するときは、重力を感じないからです。実は、それこそがアインシュタインに一般相対性理論のヒントを与えた思いつきでした。たとえば窓のないエレベーターが自由落下するとき、そこに乗っている人は自分が落下しているとは思わないでしょう。エレベーターの中で体が浮いて、無重力状態にあると感じるはずです。

ですから佐々木先生も、宇宙船の船体が無事であれば、その中でプカプカと浮かんだままブラックホール内部に飛び込むでしょう。でも外からは、永遠に事象の地平線でストップした状態の佐々木先生しか見えません。そういうふうに、ブラックホールは一般相対性理論の効果を極端な形で見せてくれるのです。

ブラックホールが蒸発する「ホーキング放射」とは？

このような極限状況だからこそ、ブラックホールはアインシュタイン理論の限界を見せてくれる舞台にもなりました。ニュートンの重力理論が水星の動きを説明できなかったのと同じように、ブラックホールではこれまでの理論だけでは説明できない現象が起こるのです。

それを明らかにしたのは、英国の理論物理学者スティーブン・ホーキングでした。彼は、ミクロの世界を支配する量子力学と、マクロの重力の世界を支配する一般相対性理論が、ブラックホールにおいて矛盾することを指摘したのです。

前に述べたとおり、ビッグバン理論によって宇宙が「始まり」のときは小さかったことが分かったがゆえに、自然界の「極大」と「極小」の研究は深いところでつながりを持つようになりました。その両者を説明する二つの理論に矛盾があるとなると、これは現代物理学にとって大変な問題です。この自然界すべてを説明する法則を見つけるためには、二十世紀の物理学を支えてきた理論を、何らかの形で修正しなければなりません。

ホーキングが提示したのは、「ブラックホールの情報問題」と呼ばれるものでした。

量子力学では、真空が完全に「からっぽ」とは考えません。そこでは常に、物質のもととなる粒子が生成と消滅をくり返しています。たとえば、さきほどお話しした初期宇宙では、この粒子の生成と消滅の痕跡が引き伸ばされてCMBの強弱になり、これは観測されています。

その生成と消滅は、必ず「粒子」と「反粒子」がペアになっています。あらゆる粒子には電荷のプラス・マイナスなどが反対の性質を持つ反粒子が存在し、その粒子と反粒子が対生成と対消滅をくり返すのです。

ホーキングは、この対生成がブラックホールの事象の地平線で起きるとどうなるかを考えました。対生成した粒子の一方がブラックホールに吸い込まれ、もう一方が飛び去っていったとします。

通常は、対生成した粒子は真空からエネルギーを借りており、すぐに対消滅することで借りたエネルギーを真空に返済します。対消滅しないと、エネルギー保存則とつじつまが合わなくなるのです。しかし、事象の地平線のあたりの粒子・反粒子の対生成では、これと異なる現象が起きます。

地平線の外側の粒子は正のエネルギーを持っていますが、地平線の内側、つまりブラックホールに吸い込まれたほうの粒子は「負のエネルギー」という奇妙な性質を持ちます。ブラックホールに吸い込まれた粒子は、地平線の外に出てくることはできないので、外側の粒子と対消滅を起こすことができません。しかし、吸い込まれた粒子が負のエネルギーを持っているのなら、対消滅が起きなくても、エネルギー保存則とつじつまが合うようになっているのです。

このように、負のエネルギーを持つ粒子がどんどん溜まっていくと、ブラックホールはどうなるか。負のエネルギーが加わるのはエネルギーを失うことと同じであり、エネルギーを失うことは質量を失うことと同じなので、ブラックホールは徐々に痩せてゆき、やがて蒸発してしまいます。この現象は「ホーキング放射」と名づけられました。

「因果律」が成り立たなくなる科学の危機?

それだけでも驚くべき発見なのですが、このホーキング放射には、科学の基礎を揺るがすようなインパクトがありました。アインシュタインの一般相対性理論と量子力学の両方をそのまま使って計算すると、ホーキング放射によって「因果律」が破れてしまうのです。

近代科学は、自然界を一組の「法則」によって説明することを目指してきました。物理学だけではありません。化学でも生物学でも、「現在」の状態が分かれば法則によって未来が原理的に予言できると考えます。もちろん、過去がどうだったかも分かるでしょう。それが、科学の基礎にある因果律というものです。これが破綻してしまうと、科学そのものが成り立ちません。

ちなみに、これまでにも何度か登場したラプラスは、因果律をこのように考えました。たとえば一冊の本を燃やした場合、その過程は通常の物理法則に従うので、原理的には時間反転が可能です。現実的にはきわめて困難ですが、超人的な能力を持つ者がいれば、燃やしたあとの灰や焼却に使った炎などの物質を記録し、物理法則によって過去の状態を導出することで、あたかもビデオテープを逆回しにするように本の内容を再現できるでしょう。そういう超人のことを「ラプラスの悪魔」と言います。

では、一冊の本をブラックホールに投げ込んだ場合、それを同じように再現することができるでしょうか。できなければ、因果律が破れていることになります。

本を投げ込まれたブラックホールは本一冊分だけ質量が増えますが、一方でホーキング放射によって質量を失うので、やがて元の質量に戻ります。次に同じ質量の別の本を投げ入れても、ブラックホールから返ってくるホーキング放射の中身は前の本と変わりません。出てきた放射がどちらの本なのか区別がつかないため、ブラックホールに投げ入れられた本に書かれていた情報は完全に失われてしまいます。ホーキング放射で出てきたものをすべて集めることができたとしても、その情報を再現することはできないのです。

そう言われてもすぐにはピンと来ないかもしれませんが、ここで重要なのは、一般相対性理論と量子力学をそのまま使うと、ブラックホールからの放射には何の情報も含まれていないように見えるということです。超人的な能力を持つラプラスの悪魔であっても、元の本の情報は再現できません。因果律が成り立たなくなるのです。

科学の基礎である因果律を成り立たせ、科学の土台を守るためには、一般相対性理論と量子力学を乗り越える新しい理論をつくる必要があります。

もともと、一般相対性理論と量子力学のあいだには齟齬《そご》がありました。それぞれをマクロの世界とミクロの世界で別々に使う分には問題がないのですが、二つの理論を同時に使うと破綻してしまう。ホーキングの提出した問題は、その矛盾を実にショッキングな形で見せつけてくれたと言えるでしょう。

この問題を解決するには、一般相対性理論と量子力学を統一する必要があります。私が専門にしている超弦理論は、この二つの理論を統一できる可能性を持つ理論です。それは同時に、自然界の根源を説明する「究極の理論」になるかもしれません。

しかし、それについては本書後半の特別講義でお話しすることにしましょう。宇宙の真理を追究する近代科学は、究極の理論の一歩手前まで迫ってきました。次の章では、仏教がどのように世界の真理に迫ってきたのかを佐々木先生からうかがいたいと思います。

第二部　生きることはなぜ「苦」なのか

——佐々木閑／聞き手　大栗博司

釈迦は宇宙の法則の発見者

仏教には神という絶対者が存在しない

第一部では大栗先生に、近代自然科学、とりわけ物理学が、いかにして宇宙の姿を解明してきたのかをお話しいただきました。

ここでは、釈迦の世界観について、そしてさらには、その釈迦の教えが次第に体系化されていって、最終的に大乗仏教へと変容した、その流れについてお話ししたいと思います。

釈迦は間違いなく歴史上に実在した人物であり、およそ二千五百年前にインドで生まれました。正確に言えば、現在のネパール領内にあるルンビニという場所です。本名はゴータマ・シッダッタとされていますが、それが本当かどうかは確認のしようがありません。

釈迦は、たいへん斬新な宗教概念をつくり上げました。絶対者のいない宗教世界です。たとえばキリスト教やイスラム教の場合、この世には最初から神という絶対者が存在しており、神との契約によって、私たちの人生の幸・不幸が決められると考えます。そして神の言葉を伝える伝達者として遣わされたのが、キリストやムハンマドです。彼らは神の教えを私たちに伝えてはくれますが、彼ら自身が、その宗教の原理をつくったわけではない。これに対して仏教は、そういった神のような普遍的存在を想定しない宗教です。

ですから、釈迦は誰かの言葉を伝える伝達者ではありません。この人自身が、宇宙の真理の発見者です。それ以前から存在していた宇宙の法則性を見つけ出し、それを誰もが納得できる形で言語表現した。その意味では、もちろん釈迦自身にそんな自覚はなかったでしょうが、科学者と非常に似た視点を持って生きた人物だったと思います。

すべてが原因と結果でつながる「縁起」という法則

――一神教を信仰する科学者の中には、自然界の法則を神が設計したものだと考えることで、科学と宗教を両立させている人もいるようです。神の設計を理解して伝えることが、科学者の仕事だと見なすのでしょう。釈迦も自然界の法則を見つけて伝達する点は同じですが、それは神の言葉ではない。仏教では自然界の法則は神がつくったのではなく、ただそこにあるものだとして、その起源自体は問わないのでしょうか。

そうです。世界をつくった創造主を想定しないので、この世界に「始まり」はありません。でも、そこに法則性はあります。原因からは必ずそれに応じた結果が生じるというのが、その法則性です。第一部で大栗先生がお話しになった科学の因果律と同じですね。仏教の言葉では、それを「縁起」と言います。日本では茶柱が立ったときなどに「縁起がいい」と言いますが、本来、茶柱とは何の関係もありません。縁起とは因果律のことです。

縁起は自然界の法則ですから、釈迦が現れようが現れまいが関係なく、この世はそれに従って動きます。そこにたまたま現れた釈迦がその法則性に気づいて、私たちに教えてくれた。それが仏教という宗教の基本構造なのです。

すべてが原因と結果でつながっていますから、同じものがいつまでもそのまま存続することは絶対にありえません。縁起でつながった全要素が、一瞬も止まることなく変容し続けています。それが「諸行無常《しょぎょうむじょう》」という考え方です。「諸行無常」は仏教自体にも適用されるので、仏教もいずれ必ず滅びると考えるのが、この宗教のおもしろいところです。

ただし滅びたらそれっきりというわけではありません。何十億年も経つと、釈迦のような真理の発見者＝「仏陀」が再び現れて、この世に教えを広めます。そうやって、この世には仏教が定期的に現れると考える。「末法」という言葉がありますが、これはその、仏教がいったん滅びるときを指す用語です。ですから、末法思想とは「仏教が終わる」という考え方ではありません。仏教がくり返しこの世に現れる、そのひとつのサイクルが終わることを末法と言うのです。

釈迦はもう亡くなっているので私たちは仏陀に会うことができません。しかし次の仏陀はおよそ五十六億年後に現れると言われています。誰が仏陀になるのかもすでに決定済みで、その名を「弥勒《みろく》」と言います。そうやって次々と仏陀が現れるわけですが、ならば当然、釈迦が現れる前にも無限の仏陀が現れていたことになるでしょう。これはのちほど大乗仏教の起源をお話しするときのキーポイントになりますので、覚えておいてください。

――すべての仏陀が同じ法則を語るわけですね。すると、その法則そのものには「諸行無常」が当てはまらないのですか？

ええ。「諸行」とは存在であり、その存在と存在を結びつける関係性が「縁起」という法則です。法則それ自体は滅びようがない。その法則によって、諸行がどんどん変容していくのが「諸行無常」です。

カースト制度に基づくバラモン教への異議申し立て

その仏教が生まれる前の話を簡単にしておきましょう。二千五百年以上前のインドには、いわゆるカースト制度の母体となるバラモン教という宗教がすでにありました。

カーストは上からバラモン、クシャトリア、ヴァイシャ、シュードラの四段階があり、さらにその下にカーストに入れてもらえないほどひどい差別を受けるアウトカーストがあります。その起源は民族差別にあります。白人系のアーリア人が上、黒い肌をした土着のインド人が下という意識です。カーストは血筋によって絶対的に決まるので、生まれたあとで変更することは不可能です。

では、そんなカーストを誰が決めたのか。バラモン教は、日本の神道やギリシア神話のように、たくさんの神が世界を動かしていると考える宗教です。そしてそれらたくさんの神様のヒエラルキーの頂点に立つのが、「梵天《ぼんてん》」です。インドの言葉では「ブラフマン」。「バラモン教」のバラモンとはブラフマンのことですから、バラモン教とは「梵天を中心に据える宗教」という意味なのです。

ですから当然、カーストも梵天を中心とした神々が決めたとされています。バラモン教を信じる人々にとって、それは決して覆すことのできない宇宙の真理です。このバラモン教の流れを汲むのが現在のヒンズー教なので、いまだにインドでカーストがなくならないのも無理はないでしょう。

しかし二千五百年前に、このバラモン教の世界観に異を唱える人々がたくさん現れました。おそらくこの時代にカーストの構造が変化し、最上位のバラモンよりも下の階級の人々が強い力を持ったことで、社会改革を目指す階級闘争のようなものが起きたのでしょう。釈迦もその中から現れました。釈迦はカーストの二番目であるクシャトリア階級の出身です。当然、バラモン階級にとって都合の良いバラモン教は支持しません。いわば「反バラモン派」のチャンピオンが釈迦の仏教でした。

ですから釈迦は、梵天のような、世界を支配する超越的存在を認めません。世界を司る存在はいないので、この世には始まりも終わりもなく、ただ法則性に従って無限の過去から無限の未来に向かって続いていくだけなのです。

「老・病・死」を苦しみに転換させない生き方とは？

一方、当時のインド社会では「輪廻」が基本的な世界観として定着していました。無限に続く時間の中、生き物は天・人・畜生・餓鬼・地獄という五つの、あるいはそこに阿修羅を加えた六つの領域で、永遠に生まれ変わり死に変わりをくり返すという世界観です。この輪廻という現象を、肯定的に考える人もいたでしょう。「いま一生懸命に生きていれば次はもっと良い生活ができるかもしれない」というわけです。

しかし釈迦は、輪廻が永遠に続くならば、全体としては「苦」だと考えました。その苦しみを代表するのが「老・病・死」です。人は老いて、病気になり、死ぬ。輪廻で何に生まれ変わろうが、老・病・死のくり返しになることに違いはありません。夢を持って元気に幸福な暮らしを送っている人にとっては、輪廻が良いことのように思えるかもしれませんが、苦しみを感じて生きている人にとっては「またこれを味わうのか」というたまらない閉塞感があるでしょう。輪廻は苦しみの連続なのです。

ならば、その苦しみから逃れる道を考えなければなりません。それが、釈迦が王子という身分を捨てて出家し、自ら考え始めた動機です。釈迦はこう考えました。老・病・死の苦しみは絶対に消すことができない。消せないものを無理に消そうとしても苦しみは増大するばかりである。したがって、老・病・死という事実は受け入れながら、それを苦しみに転換しないような生き方を考えるべきである。

では、老・病・死が苦しみに転換する心的メカニズムはどのようなものか。それを理解するためには、私たちの精神がどのように働いているのかを知らねばならない。ここで初めて、自分の心の中を分析的に見ていく姿勢が出てくるのです。

「輪廻」を受け入れた上で世界観を構築

――釈迦は反バラモン教の立場から神を否定したけれど、バラモン教が教える自然界の法則は受け入れたと考えてよろしいのでしょうか。輪廻が本当にあるかどうかは、誰も見ていないので証拠はありませんが、バラモン教の教えとして、そういうものがあることになっている。釈迦はそれを自然界の法則としてバラモン教から受け継いだのですね？

はい。バラモン教から受け継いだというより、当時のインド社会全体の通念として輪廻的世界を受け入れていた、と言うべきでしょう。バラモン教では、宇宙の法則を神が司っていますが、釈迦はそうは考えません。この世の法則は、誰かがつくったものではない。それはそういうものとして世界の中に本来的に存在しているのだと言います。

こうして仏教は、バラモン教の世界を否定することで、バラモン教の神々を主役の座から引きずりおろし、脇役にしてしまいます。それが梵天とか帝釈天《たいしゃくてん》とか弁財天《べんざいてん》といった私たちにもなじみの深い神様たちです。バラモン教では主役を張っていた神々も、仏教では私たち人間と同じ、輪廻する哀れな生物の一形態にすぎず、世界を動かすような力はありません。バラモン教では梵天は死なない神様ですが、仏教では梵天も帝釈天もみんな死にます。

――支配者ではないとなると、仏教における梵天の役割は何なんですか。

たんなる仏教の信者ですね。梵天や帝釈天という名称は神様の固有名詞ではなく、たんなる役職名だと仏教は考えます。だから梵天が死ぬとその肩書きだけが残って、次に生まれ変わってきた者が梵天になる。会社の社長や課長と同じです。

仏教がバラモン教の神々を全否定せず、内に取り込む形で存続させたのは、そうしないと仏教が成り立たなかったからでしょう。前の世界にあったものをすべて否定してしまうと、釈迦の教えに誰も耳を傾けてくれません。だから、それまでの世界観をある程度は受け入れながら、その上に新しい世界観を構築した。

後世の大乗仏教になると、その釈迦の教えの上にさらにまた新しい考え方を積み上げていきます。ですから大乗仏教は釈迦のことをあまり称揚しません。あとから上乗せした阿弥陀様や観音様ばかり活躍するのが、大乗仏教のひとつの特徴です。

仏教とはそもそも何か

「仏・法・僧」の「三宝」と三つの基本理念

次に、仏教の定義を説明しましょう。仏教とは何か。それは「仏・法・僧」いわゆる「三宝」です。

このうち「仏」は、言うまでもなく仏陀のこと。のちの大乗仏教では阿弥陀様や薬師様などいろいろな仏が出てくるのでそれも含めますが、もともとはお釈迦様のことです。この「仏」

を信奉するのが、仏教の第一原理になります。

その仏陀の説く教えが「法」。世界の法則性を正しく理解し、その中で確実に煩悩を消していくための教えです。

三つ目の「僧」はふつう、僧侶のことだと思われがちですが、もともとは「サンガ（僧伽）」というインド語で、これは「集団」という意味です。僧とは、出家したお坊さんがつくる修行集団のことなのです。仏教という宗教は、本質的に組織宗教なのです。

サンガのメンバーは、釈迦の教えに従って修行に励む出家者です。修行によって自己改良を行い、老・病・死のくり返しである輪廻からの脱出を目指す。仏陀（仏）を信奉する人たちが、その教え（法）を守りながら集団で修行する状態（僧）のことを、「仏教」と呼ぶわけです。

いまの日本では、このサンガという組織の意味が薄れ、「僧」が抜け落ちて「仏」「法」だけになってしまいました。お坊さんはいるのですが、そのお坊さんが集まって、釈迦のつくった規則を守りながら集団で暮らすサンガという組織はありません。これについては、またのちほどお話ししましょう。

この「三宝」を揃えた仏教には、次に挙げる三つの基本理念があります。

第一に、超越者の存在を認めず、現象世界を法則性によって説明すること。

第二に、努力の領域を肉体ではなく精神に限定すること。

第三に、修行のシステムとして、出家者による集団生活体制（サンガ）をとり、一般社会の余りものをもらうことによって生計を立てること。

とくに重要なのは、二番目です。ここで言う「努力」とは、自分自身を観察して心的作用を正しく理解し、そこにある煩悩を自力で取り除いていくことです。私たちの心の中には、諸々の現象を苦しみに変えるシステムが必ず組み込まれています。それが仏教で言う「煩悩」です。苦しみから逃れるには、それを自ら改造、もしくは破壊しなければなりません。そのためのプロセスが「修行」です。

煩悩には、たとえば物事に対する執着というものがあります。あるいは、自分にとって都合の悪いものを憎む憎悪の気持ちもあるでしょう。いずれも、おそらく人間が生物種として進化する中で獲得した当たり前の心の機能なのでしょうが、仏教では、私たちが本来的に持っている機能そのものが苦しみのもとになると考えます。ですから、それを削り取っていくような作業を日々行わなければなりません。煩悩を消すために修行を続けるわけです。

煩悩のいちばんの原因は、自分中心の誤った世界観

煩悩の数は数え方によっていくらでも増えるので、必ずしも一〇八というわけではありませんが、いずれにせよ、その中でいちばんの親玉は「無明」という名の煩悩です。「明」という

のは「知恵」のことですから、無明とは知恵がないこと。簡単に言うと、「愚か」ということです。愚かさにもいろいろありますが、これは物事を正しく客観的に見ることができない本能的な欠陥のこと。この「無明」を消すことができれば、あらゆる煩悩が消えます。

物事を正しく見ることができないのは、前にお話ししたとおり、世界の中心に自分を置いてしまうからです。それによって生じる錯覚が、無明にほかなりません。本当は、自分というものは世界の中心にはいませんし、第一、自分という存在も、きわめて不確定な虚構です。そんな自分の思惑と現実の世界のあり方とのあいだにズレが生じ、それが苦しみの原因になるのです。

そういう煩悩が生じるいちばんの原因は、私たちの生存欲でしょう。「いつまでも生きていたい」という思いが、自分中心の世界観では知らず知らず「いつまでも生きられるだろう」という都合の良い思い込みに変わってしまう。しかし実際には、今日は元気でも明日には突然、死と直面するかもしれない。そういう現実と思い込みとのギャップが、私たちの心に苦しみとしてのしかかってくるわけです。

それを解決するには、自分中心の誤った世界観を矯正しなければなりません。これは口で言うほど簡単ではないでしょう。「自分は世界の中心にいない」と、いくら自らに言い聞かせても、知らないうちに自分中心で物事を見てしまうものです。

そういう心を日々のトレーニングで改良せよというのが、釈迦の教えです。

仕事を一切せず、修行だけに専念する組織「サンガ」

煩悩を消すための修行は、「一瞬で悟った」などという都合の良いものではありません。時間をかけて、少しずつゆっくりやる以外にない。膨大な時間とエネルギーが必要なので、日常の雑事と修行は両立が難しい。集中して修行をするにはそのための特別な場所に身を置かなければならないので、サンガという、修行を唯一の目的とする組織が必要になるのです。

これは、科学者の世界とも似ているかもしれません。科学者の目的は知的好奇心の充足ですが、そのための研究は片手間にやれるものではないでしょう。宇宙の真理を突き止めるには、極度に集中した状態を長時間にわたって持続する必要がある。だから、ふつうの仕事はやめて研究の世界で一生を過ごすことになるわけで、これはまさに出家的な生き方と言えます。釈迦が弟子たちに要求したのは、そういう生き方でした。

ですからサンガでは、生産のための仕事は絶対に禁止です。無職・無収入で暮らさなければいけません。しかしそれでは死んでしまうので、最低限の食べ物を人からめぐんでもらいます。鉢を持って家から家へまわり、余った食べ物を頂戴する。いわゆる托鉢ですね。

一日分の食べ物が集まったらそれを食べ、あとは寺に戻って修行をします。もらった食べ物を保存してはいけません。それを許すと、「明日のために余計にもらっておこう」という所有欲が芽生えるからです。

食べ物以外にも、日用品・衣類・住居に至るまですべての資財は、人からのもらいものでまかないます。こういう、人からめぐんでもらう物資のことを、まとめて「お布施」と言うのです。お布施をもらって暮らす以上、サンガは誠実に修行する姿をオープンに人に見せなければいけません。それが社会的信用につながり、「サンガの人たちは真面目な修行僧だから、お布施をあげる価値がある」という評価を生むのです。

オープンということはつまり、お寺は二十四時間、誰でも受け入れるパブリックスペースだということです。そして当然ですが、修行していないのに「修行しています」と言ったり、悟ってもいないのに「悟りました」と言ったりするのは厳禁。それはお布施をめぐんでくれた人々への裏切りになるからです。悟っていないのに「悟った」と嘘をついたお坊さんは、サンガから永久追放になります。

輪廻を信じずに仏教の信者であることは可能か

――さきほどの仏教の三つの理念について、質問させてください。

第一に、超越者の存在を認めず、現象世界を法則性によって説明すること。

第二に、努力の領域を肉体ではなく精神に限定すること。

第三に、修行のシステムとして、出家者による集団生活体制（サンガ）をとり、一般社会の余りものをもらうことによって生計を立てること。

ということでしたが、第二、第三の理念は、いかに心安らかに生きていくかという哲学のように見えます。いかにして苦しみを取り除き、より良く生きるかの方法論を語っている。これは科学とは関係のないことで、おそらく日本で仏教を受け入れている人々の多くも、主として第二、第三の理念に納得しているのではないでしょうか。

それに対して第一の理念である「超越者の存在を認めず、現象世界を法則性によって説明する」は、科学の自然観と重なります。物理学者も超越者の存在は認めず、自然界に法則があると考える。ただし仏教が科学と違うのは、実験や観測で検証しようのないものを仮定しているところです。たとえば輪廻は仏教における主要な概念だと思いますが、これは検証しようがありません。これは仏教があらかじめ受け入れてしまったものだと考えてよろしいのでしょうか。

そうです。それは釈迦が生きた時代のインドでは当たり前の社会通念として存在しました。だから仏教もその枠組みを受け入れた。おそらく当時の釈迦は輪廻に対して何の疑念も持たず、その上に自分の理知を載せるようにして世界観を構築したのだと思います。科学者にも、無条件で受け入れる通念はありますよね。

——おっしゃるとおりです。科学者も過去の科学で確立した法則を受け継いで、世界を理解しようとしています。しかし、科学では、確立した法則であっても、新しい知見があれば修正され、拡張されることもあります。たとえば、ニュートンの重力理論がアインシュタインによって乗り越えられたのはその例です。

その点は仏教も同じです。二千五百年前のインドでは当然の社会通念だった輪廻も、現在の日本人にとっては社会通念ではないので、私たちはそれを土台にすることはできません。私自身、輪廻は信じておりませんから。

——おお、そうなんですか。

ええ、そうです。輪廻というのは単に「生まれ変わりを信じる」ということではなく、ある特定の世界観を承認することなんです。この世には天・人・畜生・餓鬼・地獄という五つの領域が実在し、生き物はそれらの領域の中で無限に生まれ変わりをくり返すというのが輪廻です。

釈迦はこの輪廻世界の上に自分の理論を構築したわけですが、それを現代の私たちにそのまま認めろというのはムチャな話です。

――一神教の場合、とくにイスラム教はそうですが、宗教の教えをそのまますべて受け入れるか、あるいはまったく信じないか、白か黒かの二択を迫る傾向があります。ムハンマドの言葉を一部でも否定すれば、イスラム教徒ではなくなるのでしょう。しかし、仏教はそうではない。お釈迦様の言葉の一部を受け入れずに、それでも仏教の信者であることは可能だということですね。

もちろん、釈迦の教えを一から十まで丸ごと信じなければ仏教信者ではない、と主張する人たちもいます。しかし仏教は絶対者の言葉を人々に説き広めるという使命を持たない宗教ですから、釈迦の教えを丸ごと信じようが部分的に信じようが、あるいは全否定しようが、それによってほかの誰かから福をもらったり罰を受けたりすることはありません。言ってみれば、仏教という道具をどう使って、どう生きるかは各人の判断に任された自己責任の世界なのです。

私自身は、輪廻は信じておりませんが、その上に釈迦が構築した世界観――自分の努力によって煩悩を消し、それによって苦しみから逃れる――という部分は、自分の役に立つと信じています。その意味で、私は仏教の信奉者なのです。

――なるほど。すると、三つの理念のうち第二と第三はそのまま受け入れ、第一については更新された法則を受け入れるということですね。

「諸行無常」「諸法無我」の真理と「一切皆苦」

では、釈迦が考えたこの世の法則、すなわち基本原理についてお話ししましょう。それは三つ。「諸行無常」「諸法無我《しょほうむが》」「一切皆苦《いっさいかいく》」です。これを仏教の「三法印」と言います。縁起の法則性に基づいて動くこの世のありさまを、三本の公式にまとめたものです。

前述したとおり、すべての現象が縁起によって原因と結果でつながっている以上、ある存在が同じ形で永遠に続くことはありえません。これが「諸行無常」です。「諸法無我」とは、世界の中心に自分＝「我」が存在すると考えるのは錯覚だということ。諸法の「法」は仏・法・僧の「法」（仏陀の教え）とは別物で、「この世の実存在」という意味です。

この諸行無常と諸法無我の二つの真理を知らずにいると、生きること自体が苦になるでしょう。それを「一切皆苦」と言います。この三つが、仏教の旗印。三法印を掲げることで、「仏教の世界観はこうだ」と主張するわけです。

- mahābhūmika(遍大地法)
  - vedanā(受)
  - saṃjñā(想)
  - cetanā(思)
  - sparśa(触)
  - chanda(欲)
  - prajñā(慧)
  - smṛti(念)
  - manaskāra(作意)
  - adhimokṣa(勝解)
  - samādhi(三摩地)
- kuśala-mahābhūmika(大善地法)
  - śraddhā(信)
  - vīrya(勤)
  - upekṣā(捨)
  - hrī(慚)
  - apatrāpya(愧)
  - alobha(無貪)
  - adveśa(無瞋)
  - ahiṃsā(不害)
  - praśrabdhi(軽安)
  - apramadā(不放逸)
- kleśa-mahābhūmika(大煩悩地法)
  - avidyā(無明)
  - pramadā(放逸)
  - kauśīdya(懈怠)
  - āśraddhya(不信)
  - styāna(惛沈)
  - auddhatya(掉挙)
- akuśala-mahābhūmika(大不善地法)
  - āhrīkya(無慚)
  - anapatrāpya(無愧)
- parīttakleśabhūmika(小煩悩地法)
  - krodha(忿)
  - mrakṣa(覆)
  - mātsarya(慳)
  - īrṣyā(嫉)
  - pradāsa(悩)
  - vihiṃsā(害)
  - upanāha(恨)
  - śāthya(諂)
  - māyā(誑)
  - mada(憍)
- aniyata(不定地法)
  - kaukṛtya(悪作)
  - middha(睡眠)
  - vitarka(尋)
  - vicāra(伺)
  - rāga(貪)
  - pratigha(瞋)
  - māna(慢)
  - vicikitsā(疑)

図表2-1　アビダルマによる「この世」の構成要素(七十五法)

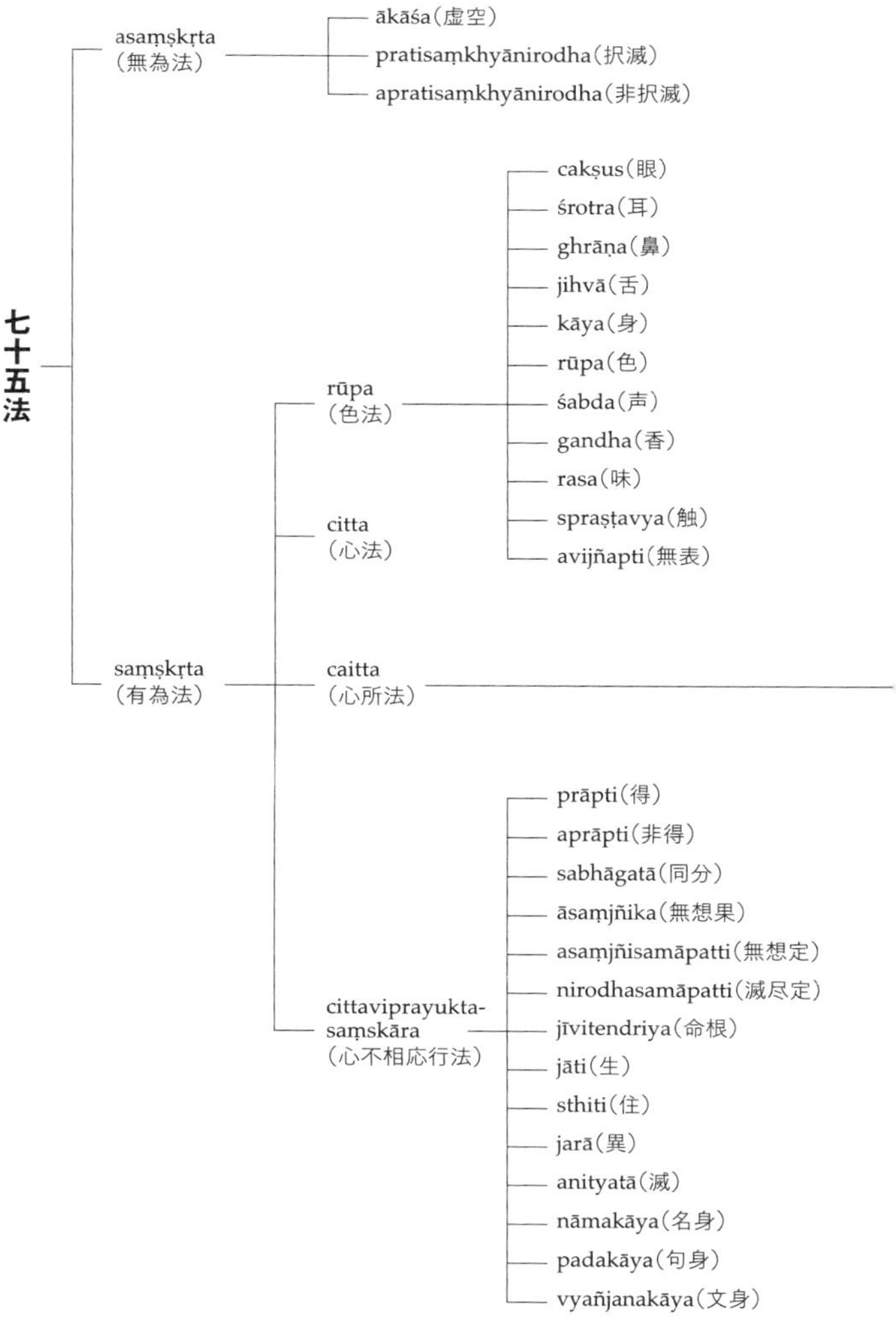

――科学に「一切皆苦」はありませんが、「諸行無常」と「諸法無我」は科学者にも受け入れやすい考え方のように思えます。

私の研究している物理学は還元主義に基づく科学なので、何が基本的なもので、何がそこから導き出されるものかをきちんと区別しなければなりません。たとえば温度という概念がありますが、ミクロの世界を見れば、温度は原子の運動に還元されます。温度とは、原子の運動エネルギーの平均値にほかなりません。つまり、根源にあるのは原子の運動であって、温度はその近似的な表現なのです。

それと同様、私たちの意識も根源的なものではなく、千億もある脳の神経細胞の集団的な行動から生じると考えられます。つまり、意識は細胞レベルの情報伝達の近似的な表現であって、「諸法無我」、つまり「我」が存在すると考えるのは錯覚だと言われても、それほど違和感はありません。

やや先走った話になりますが、釈迦の教えをのちの仏弟子たちが体系化した「アビダルマ(阿毘達磨)」という仏教哲学では、この世の構成要素を「外部の物質世界」と「内部の心的世界」と「エネルギー概念」に区別し、さらに物質を「認識する物質」と「認識される物質」に分けています。そうやって区分していくと、前ページの図表2-1のように七十五の要素になる。これが、この世界をつくっている実在要素です。物理学で言えば、素粒子の一覧表のようなものでしょうか。

これを見ると、どこにも「我」というものは存在しません。ここにある七十五の要素がさまざまな条件下で離合集散をする中で生じるあるひとつの集合体が、「我」なのです。これは、原子の運動と温度の関係に似ているかもしれません。その集合体は因果律によって次の瞬間には別のものに変容していくので、普遍的な「我」は成立しないわけです。

――より根源的な要素から導かれるのが「我」という概念だから、「諸法無我」になるわけですね。

「苦を消す方法はあるので、信じて努力しなさい」

さて、諸行無常、諸法無我、一切皆苦の「三法印」に加えて、仏教には「四諦《しだい》」という言葉もあります。「苦」「集」「滅」「道」の四つで、こちらは仏教が私たちにとってどういった有益性を持つかを示したもの。「諦」は「諦める」ことではなく、「真理」という意味です。インド語では「サティア」。かつて世間を騒がせたオウム真理教が、自分たちの施設を「サティアン」と呼んでいたことを思い出す人も多いでしょう。四諦とは「四つの真理」ということです。

このうち「苦」は説明不要でしょう。一切皆苦の「苦」。「この世の本質は苦しみだ」という真理です。次の「集」は、「原因」を意味するインド語が原義ですので、漢字はあまり気にしないでください。「苦」の原因のことを「集」と呼びます。

我々の苦は、老・病・死という、避けがたい災厄から発生してくるのですが、その老・病・死を苦の原因だと考えてはいけません。仏教の目的は苦を消すことなので、老・病・死が苦の原因だとすると、老・病・死を消すしかなくなってしまいます。そんなことはできるわけがありません。老・病・死は絶対に避けられない現象ですから、それを苦の原因、つまり「集」とは考えないのです。

では何が「集」なのか。仏教では、老・病・死を「苦」に変容してアウトプットする心的システムこそが、苦しみの原因だと考えます。それは、私たちの心の中にある煩悩にほかなりません。「無明」を中心とする間違ったものの見方・考え方が「集」なのです。

三番目の「滅」は、その「集」が消えるのか否かという問いに対する答え。自分の努力によって苦しみの原因を消すことができるという事実を意味しています。

そして四番目の「道」は、「滅」を実現するための方法。釈迦が教えるトレーニング方法を信じて実践しなさい、というのが「道」の意味です。

あらためて「苦・集・滅・道」の流れをまとめると、「この世は苦しいけれど、その原因を消す方法は間違いなくあるのだから、それを信じて正しい道を進んでいきましょう」ということになります。これが「四諦」の中身です。

仏教が広まった二つのルート

スリランカから東南アジア一帯に伝わった「南伝パーリ聖典」

ここで、少し歴史と地理の話をしましょう。

釈迦はインドの北部を中心に活動していました。徒歩で布教していたので、釈迦自身が生涯を通してまわることができたのは、かなり狭い地域に限定されます。釈迦の死後、仏教はそこから次第にまわりの地域へと広がっていきます。

その仏教が海を渡ってスリランカに伝わったのは、紀元前三世紀頃と言われています。釈迦は紀元前五世紀頃の人ですから、比較的早い段階で仏教を受け入れたのがスリランカでした。そのときスリランカに伝えられた仏教は、インドの地方方言のひとつであるパーリ語という言語で説かれたものでした。それがまずスリランカに入り、そこを起点にしてさらに東南アジアに広まっていきます。

この時代はまだ大乗仏教が生まれていませんでしたので、スリランカには釈迦のつくったオリジナルの仏教が入りました。しかも彼らはそれを自分たちスリランカの言葉に翻訳せず、外国語であるパーリ語そのままの形で受け入れて覚えました。そのため現在でも、スリランカでお坊さんになる人たちは、スリランカ語とは別に、パーリ語も学ぶことになります。古代インドのある地方の方言がそのまま残っているのは、珍しいことですね。

そのスリランカの仏教がのちに東南アジアに伝わったため、タイやミャンマーなど東南アジアの国々でも、お坊さんはパーリ語でお経を唱えます。ですから、スリランカとタイのお坊さんは、母語が違うのに、会えばパーリ語で会話ができるのです。

このときスリランカに伝わった教典を一般に「南伝パーリ聖典」と言い、大きく「律蔵」「経蔵」「論蔵」の三つに分類されています。「蔵」とは分類して入れておくカゴのようなものを意味しており、それが三つあるのでこれを称して「三蔵」と言います。

「律蔵」「経蔵」「論蔵」の「三蔵」とは何か?

これら三蔵のうち、最初の「律蔵」は、その字のとおり法律です。サンガという集団を運営していくためには、組織運営の規則がなければいけません。そのルールを書いたのが律蔵で、そこには僧侶の衣食をはじめとする生活スタイルが細かく決められています。日本にはほとんど伝わっていないので、日本のお坊さんで律蔵を知っている人はあまりいないでしょう。しかし日本以外のほとんどの仏教国では、どのお坊さんも律蔵に従って暮らしています。

たとえば律蔵で厳しく禁じられていることのひとつが、飲酒です。ところが日本のお坊さんはそれを知らないので、海外の仏教国を訪れたときも、コンビニでビールを買って飲んでしまう。現地の人は、お坊さんがビールを買うことなど信じられないので、ビックリします。その結果、その光景がインターネットに上がったりして、いまはそれが問題になっています。同じお坊さんと言っても、律蔵を知っているか否かで大きな違いがあるのです。

二番目の「経蔵」は、これも読んで字のごとくお経のこと。悟りを得るために釈迦が残してくれたマニュアルです。次ページ図表2-2のとおり五つの部に整理されており、細かいものまですべて合わせると約四千本のお経が入っています。これを「阿含経《あごんきょう》」とか、あるいは「ニカーヤ」と呼びます。「律蔵」も「経蔵」も、釈迦の言葉とされていますが、文献学的に見れば、ほとんどが釈迦よりあとの時代に書かれたものです。その中のどこかに釈迦が口にした言葉が本当にあるのかと問われれば、確証はありません。口伝されるあいだに、弟子たちの解釈などが加味されて、どんどん増えていったのだろうと思います。

仏教聖典が初めて文字化されたのは、南方仏教国の歴史書によれば、紀元前一世紀頃とされています。

文字化されたあとも、数百年間は「私はこう思う」「いや私は違う読み方をする」といった

図表2-2　南伝パーリ聖典

●律蔵（ヴィナヤピタカ）

パーリ律

●経蔵（スッタピタカ）

1.長部（ディーガニカーヤ）（34本）
2.中部（マッジマニカーヤ）（152本）
3.相応部（サンユッタニカーヤ）（56章）
4.増支部（アングッタラニカーヤ）（一法から十一法まで）
5.小部（クッダカニカーヤ）（下記の15本。そこには最古の経典から、非常に新しいものまで、さまざまなものが集められている）

①小誦（クッダカパータ）　②法句（ダンマパダ）　③自説（ウダーナ）
④如是語（イティヴッタカ）　⑤経集（スッタニパータ）
⑥天宮事（ヴィマーナヴァットゥ）　⑦餓鬼事（ペータヴァットゥ）
⑧長老偈（テーラガーター）　⑨長老尼偈（テーリーガーター）
⑩本生（ジャータカ）　⑪義釈（ニッデーサ）
⑫無碍解道（パティサンビダーマッガ）　⑬譬喩（アパダーナ）
⑭仏種姓（ブッダヴァンサ）　⑮所行蔵（チャリヤーピタカ）

●論蔵（アビダンマピタカ）

1.法集論（ダンマサンガニ）
2.分別論（ヴィバンガ）
3.界説論（ダートゥカター）
4.人施設論（プッガラパンニャッティ）
5.論事（カターヴァットゥ）
6.双論（ヤマカ）
7.発趣論（パッターナ）

議論が盛んで、自由な解釈が行われていました。しかし紀元五世紀頃のスリランカにブッダゴーサという偉いお坊さんが現れて、「この文言の意味はこれこれである」というふうに解釈を一本化します。それ以降は解釈の変更をしないことになり、その時点で釈迦の教えが固定化されました。釈迦の教えをめぐる論争はほとんどなくなり、その後はある意味で窮屈な権威主義的宗教になっていったのです。「律蔵」と「経蔵」はいずれも釈迦の直伝という建て前ですが、三番目の「論蔵」は釈迦よりあとの人々が書いたものです。釈迦よりあとでつくられた「仏教哲学書」の集成を指します。

『ミリンダ問経』『島史』ほか重要な書物がたくさん

以上が「三蔵」ですが、それに関する注釈書（三蔵注釈）も山のようにつくられています。注釈に対する注釈がつけられ、その注釈にもまた注釈がつく……という形で、際限なく膨らんでいきました。

そのほかにも、「南伝パーリ聖典」には、誰が書いたか分からないけれど重要な書物がたくさん含まれています。たとえば『ミリンダ問経』。ミリンダとは、アレキサンダー大王以降のヘレニズム時代に現在のパキスタンからアフガニスタンのあたりを支配したギリシアの王様の名前です。ミリンダ王は教養豊かな文人でもあり、インドの高僧と哲学論議をしました。それを記したのが『ミリンダ問経』です。

平凡社の東洋文庫から『ミリンダ王の問い』という書名で邦訳も出ています。ギリシア哲学者とインド仏教者が「この世の実在とは何か」といった問題について意見を戦わせており、ひじょうにおもしろい。ただし残念ながら、これは仏教側がまとめた本ですから、最初から勝負は仏教の勝ちと決まっています。実際の対談がそのまま記録されているわけではありません。

もうひとつ、『島史』という本も重要です。これはスリランカに残るいちばん古い歴史書で、彼の地にいかにして仏教が伝わってきたかが書かれている。それは同時に、私たちが知りうる範囲ではいちばん古い仏教史の資料でもあります。

北方ルート中国では大乗仏教が主流に

以上、スリランカから東南アジア一帯に伝わった「南伝パーリ聖典」の中身を紹介してきました。これが海を越えてスリランカに伝わったのは、前述のとおり紀元前三世紀頃です。では、インドの北方、中国へはいつ仏教が伝わったのでしょうか。

仏教がインドから中国に伝わるには、シルクロードの完成を待たなければいけませんでした。スリランカをはじめとする南方へは比較的早い段階で海伝いに仏教が広まりましたが、北方へは陸路でないと出られません。いま紹介してきた「南伝パーリ聖典」の、とくに「三蔵」に相当する部分は、北方にも伝わっていたのですが、紀元前後の時代にシルクロードが開通するまで、インドからの出口で足止めを食っていたのです。

そのあいだにインドでは、従来の釈迦の仏教とは違う大乗仏教が新たに誕生しました。釈迦のつくったオリジナル仏教がシルクロードというゲートが開くのを待っていたら、後ろから大乗仏教がやってきたわけです。そのため、ようやくゲートが開いたときには、オリジナルの仏教と大乗仏教が肩を並べて一緒に中国に入ることになりました。

当然、中国の人々は困惑します。別々の顔を持つ宗教がどちらも仏教を名乗って入ってきたのですから、意味がよく分かりません。したがって中国では、仏教の中身をめぐって混乱状態が数百年間も続きました。

数百年かけてようやく整理がついたわけですが、それも決して正しいものではありません。釈迦オリジナルとされる古いお経も、大乗仏教の成立後につくられた新しいお経も、どちらもひとまとめに「お経」として入ってきたので、中国側にはその時間的な奥行きが分からなかったのでしょう。お経と名のつくものはどれもこれもすべて釈迦の教えとして受け入れてしまいました。

その結果、同じ釈迦が説いたとされるお経の中身が、ものによって全然違うということになります。そこで、「釈迦は相手によって入門編と本格的な教えを使い分けていたのだろう」とか、「釈迦の若い頃の言葉はあまり深いものではなかったが、亡くなる間際に本当に言いたいことを言ったに違いない」といった解釈によって、中身の違いを説明するようになりました。つまり、釈迦というひとりの人物の生涯の上にあらゆるお経を位置づけた。これが中国における仏教学の本質です。

そうなると当然、人によってどのお経を大事にするかが違ってきます。「般若経が釈迦の教えの本質だ」と考える人もいれば、「いや法華経こそが仏教の中心である」と考える人もいる。それぞれの個性や価値観によって選ぶお経が異なります。これが、仏教にさまざまな宗派が生まれる起源になりました。

ここで重要なのは、いろいろなお経が選ばれる中で、もっとも成立の古いお経である阿含経（ニカーヤ）を選ぶ宗派が中国にはなかったことです。選ばれたのは、いま例に挙げた般若経や法華経など大乗仏教のお経ばかりでした。なぜ、そうなったのかと言えば、大乗仏教のほうが神秘性が高くて、宗教として一般の人に人気があったからです。

釈迦の仏教は努力による自己変革を求めますが、大乗仏教はそうではありません。「不思議なパワーによってみんなが救われる」という宗教です。どちらが大衆の心にインパクトを与えるかは、言うまでもありません。

そして日本は、その中国から仏教を受け入れました。だから釈迦本来の仏教を伝える阿含経を根本経典とする宗派がどこにもありません。こうして日本は、大乗仏教一色の仏教国になったわけです。

「サンガ抜きの大乗仏教」という日本仏教の特殊な形

――さきほどのお話では、日本はサンガなしで「仏」「法」だけになっているとのことでしたが、同じ大乗仏教に支配された中国にはサンガがあったのですね？

はい、中国のお坊さんは律蔵の重要性を十分理解していました。もちろんそれが厳密に守られないことも多かったのですが、「仏教はサンガがあって初めて成り立つ宗教だ」という認識は常に持っていました。ところが日本に入ってきたときは、サンガという組織が受け入れられなかった。日本の仏教は「サンガ抜きの大乗仏教」というきわめて特殊な形をとることになりました。

――たしか日本では、聖徳太子の頃の仏教の導入が、政治闘争と関係していたように記憶していますが、サンガを受け入れなかったのはそれとも関係があるのでしょうか。

きわめて深い関係があります。聖徳太子の時代には、仏教を取り入れるかどうかで物部氏と蘇我氏のあいだで大論争になり、挙げ句の果てには殺し合いにまで発展しました。結局、仏教を取り入れるという路線で決着したのですが、そのとき問題になったのが仏教の定義である「仏・法・僧」でした。これを取り入れなければ日本は仏教国ではないことになり、中国と対等な外交関係が築けません。

――いまの言葉で言うと、「仏・法・僧」が当時のグローバルスタンダードだった。

おっしゃるとおりです。グローバルスタンダードである三宝のうち、「仏」を導入するのは簡単でした。仏像を持ってくればいい。「法」も簡単。お経を書いた巻物を輸入すれば済みます。しかし「僧」はものではなく人間、しかも組織なので、中国からお坊さんたちを集団で船に乗せて連れてこなければなりません。

規定によれば、サンガは四人以上の僧侶がいれば成立しますが、そこには別の問題がもうひとつあります。新たにサンガのメンバーを認可するときは、十人以上のメンバーが承認しなければいけないという規則です。ですから日本人を正式な僧侶にするためには、最初に、十人以上の僧侶を中国から連れてくる必要があります。しかし、これは難しい。沈没する可能性の高い遣唐使船に乗って、中国のお坊さんがそんなに来てくれるわけがないでしょう。

そのため日本は、「仏」と「法」だけが入って「僧」が入らないというアンバランスな状態が続きました。それでもなんとかして「僧」を入れたいと思っていたところに、ようやくやってきてくださったのが鑑真さんです。鑑真は中国でも有名だったので、十人を超える弟子が一緒に来てくれました。それでやっとサンガをつくり、日本人がそこで次々と僧侶になることができた。ここで初めて、聖徳太子の夢が叶うわけです。

日本としては、これで初期の目的が達成されました。日本は、中国と対等の仏教国になるための三宝の導入を完了したのです。

しかし、ここからが問題です。鑑真は日本に仏教を広めたいという純粋な思いで来日したのですが、日本側としては「僧」つまりサンガを導入するという形式を整えるために呼んだだけでした。日本側から見れば、仏教の僧侶というのは、朝廷のために外交や儀礼の公務を執行する国家公務員のようなものでした。公務員に、毎日修行ばかりさせるわけにはいきません。朝から晩まで国のために働いてもらわないと困ります。ですから、サンガなどという修行組織は不要。こうして日本は国の方針として、最初からサンガ抜きの仏教になりました。

公務員としてのお坊さんは、サンガの規則ではなく、国家の法律である律令に従います。給料は国庫から支払われますから、托鉢もしません。国庫が苦しくなるので、やたらとお坊さんの数を増やすわけにもいきませんので、一年間にお坊さんになる人数も制限します。要するに、ごく少数のエリート僧侶が国家のために働くというのが、いわゆる「奈良仏教」の本質でした。それが日本仏教の基礎となったのです。

神秘性ゼロの哲学「アビダルマ」の世界観

釈迦の教えを体系化した「アビダルマ」

では、日本に定着することのなかった釈迦オリジナルの仏教はどんなものだったのか。「阿含経」「ニカーヤ」と呼ばれる、南方仏教国に伝わるパーリ語のお経は四千本ぐらいありますが、これを読んでも系統的な思想はよく分かりません。釈迦は哲学者ではありませんし、著作を残すために修行をしたわけでもないので、それも無理はないでしょう。人々を苦しみから救うために教えを説いたのですから、アドバイスの中身はその時々の相手によって違います。それを集めたのが「阿含経」ですから、どうしても断片的な言葉の集積にならざるをえません。

そのため後世になると、釈迦の断片的な言葉を体系的な理論として理解したいという欲求が高まりました。それが哲学書の形で積み重ねられたものが、前に少し触れた「アビダルマ」です。膨大な量のアビダルマ文献がありますが、たとえば私が大学で講義しているのは『阿毘《あび》達磨倶舎論《だつまくしゃろん》』という本で、このジャンルの中ではもっとも完成された、きれいな哲学書です。しかしとにかく中身が多いので、十二年かけて、まだ三分の一しか進んでいません。
この『阿毘達磨倶舎論』は、世親《せしん》菩薩という人が書いたのですが、ほかのアビダルマも、誰が書いたかは明らかになっています。

——ソクラテスの言葉をプラトンがまとめたようなものですね。

まさにそれと同じようなものだと思っていいでしょう。アビダルマは大乗仏教の影響を受けていない仏教哲学ですから、その内容は釈迦と同じ世界観の上に立っています。つまり、縁起という因果律だけで世の中が動くのであり、それを司る超越者はいないという前提でつくられている。その意味では、神秘性を含まない仏教哲学書とも言えるでしょう。

時間がなく、原因も結果もない「無為」の世界

前述したとおり、アビダルマではこの世は七十五の基本要素で形成されていると考えます。その「七十五法」は「無為法」と「有為法」の二つに大別されるのですが、無為法はわずか三つしかありません。これは因果律の外にある存在、縁起の法則に含まれない存在です。そこで

は時間が流れないので、物事が変容しない。時間のない世界には、原因も結果もありません。
無為法は「虚空無為《こくうむい》」「択滅無為《ちゃくめつむい》」「非択滅無為《ひちゃくめつむい》」の三つで、前にお話しした「涅槃」は「択滅無為」の別名です。釈迦が亡くなることを「涅槃」と呼ぶこともありますが、ここで言う択滅無為はより一般的な意味で、私たちの心から煩悩が断ち切られた状態です。

ちなみに一番目の「虚空無為」は絶対真空状態のことですから、真空から物質が生じてくるとする現代物理学の考えとは相容れないかもしれません。ただしこの真空状態は時間の外にありますから、ニュートンの考え方とも違うでしょう。

三番目の「非択滅無為」は、かなり変わった考え方です。アビダルマでは過去と未来が実在すると考え、未来にはあらゆる可能性が存在するのですが、その中には、未来から現在に下りてくることが絶対的に否定されてしまった可能性もある。それが非択滅です。

もう少し説明しましょう。たとえば、いまこの瞬間に私は日本で大栗先生と会っていますが、可能性としては同時刻にニューヨークで散歩している私も存在します。しかしそれが実現しないことは、いますでに確定しました。すると「ニューヨークで散歩する私」は未来にそのまま可能性としてだけ残ります。未来に留まったまま、決して現在には下りてこない存在。これは「時間の外」に置かれたことになるので、無為の世界なのです。

「有為」の世界で煩悩が生まれるメカニズム

以上が無為法で、それ以外の七十二はすべて有為法。そこには時間の流れがあるので、物事は未来から現在、現在から過去へ移っていきます。現在に現れたときだけ、それが作用するのです。

その有為法は、大きく四つに分かれます。一番目の「色法」は、物質の世界。二番目の「心法」は、私たちの心そのものです。具体的に言えば、認識作用ということです。これは外部から入ってきた情報を映し出すスクリーンのようなものなので、これ以上の要素には分かれません。

そのスクリーンに映ったものに対する心の副次的な作用を網羅したのが、三番目の「心所法《しんじょほう》」です。九六ページの図表2-1の末端を見れば、「思」「触」「欲」「信」「恨」「慢」「疑」などなど、私たちの心の動きに関わる言葉が並んでいるのが分かるでしょう。煩悩の親玉である「無明」もそのひとつ。心の働きは多様ですから、この「心所法」だけで七十五法の半分以上を占めるのも当然です。

有為法の四番目「心不相応行法《しんふそうおうぎょうほう》」は、物質でも心の内部の作用でもありません。物質や心を特定の形で動かす力のことです。物理学になぞらえるなら、エネルギーの概念に近いと言えるでしょう。

図表2-3　六識の変化の例

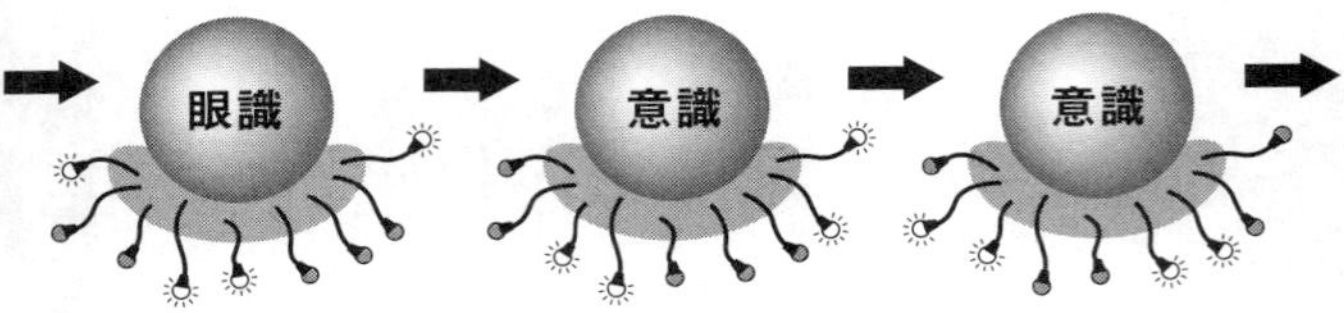

心には、目や耳など六つの感覚器官を通して外から情報がインプットされます。その心からは四十数本のラインが出ていて、それぞれの先に豆電球がついているようなものだとイメージしてください。そのひとつひとつが、「心所法」の各要素です。たとえば自分の好きな食べ物が情報として入ると、執着心の豆電球がつく。嫌いな人の姿がインプットされれば、憎しみという豆電球がつくかもしれません。同時に複数の豆電球がつくこともあるでしょう。

この豆電球の中には、生き物であるかぎり、必ず点灯しているものもあります。たとえば殴られて「痛い」と感じるのは、悟っていようがいまいが関係ありません。それは当然ながら誰にでもある。しかし豆電球の中には私たちの苦しみを生み出すものもたくさんあり、それをひとまとめにして「煩悩」と呼びます。たくさんある豆電球の中で、苦しみの原因になるものをまとめて「煩悩」と呼ぶのです。その豆電球が消えれば煩悩が消えたことになるわけです。

ただしそれは、単に豆電球が「ついていない」ということではありません。いま怒りや憎しみの感情を抱いていない人はその豆電球がついていませんが、だからと言って、その人から怒りや憎しみという煩悩が消え去ったわけではないでしょう。状況が変わればたちまちその豆電球は点灯します。

仏教で「煩悩を消す」とは、その豆電球を単に消すのではなく、おおもとから破壊することです。どんな状況になってもその豆電球がつかない状態が、煩悩が消えた状態。もちろん口で言うほど簡単なことではありませんが、それが仏教の修行の目的です。

心法や心所法の作用全体を動かすエネルギーのような働きをする「心不相応行法」にも十以上の要素があります。たとえば「得」は点灯した豆電球（心所法）と心を結びつける接着剤のようなもの。「非得」は、逆にその接着剤を剝がす働きをします。さっきまで怒っていた人の怒りが消えるのは、「非得」が作用して、「得」の接着力を消したからだと考えるわけです。

「認識する物質」と「認識される物質」

——仏教では「我」は存在しないとのことでしたが、その「我」を物質や心の働きなどの要素に分解したものが、図表2-1だと考えてよろしいのでしょうか。

そうです。「我」は存在しないものにつけられた名称にすぎません。その「我」を構成しているのが、ここに並べられた要素です。

客観的な視点で物質の性質を調べる物理学と違って、仏教はあくまでも人間という存在を分析するので、物質である「色法」よりも精神世界の「心所法」のほうが圧倒的に多くなります。また、物質の分類も客観的なものではありません。前にも少しお話ししましたが、「認識する物質」と「認識される物質」に分けられています。

では、その線引きはどうなっているのか。たとえば私の指や爪は、「認識する物質」と「認識される物質」のどちらだと思いますか？

――立場によって異なるのではないでしょうか。佐々木先生の指は、私にとっては私の視覚によって「認識される物質」ですが、佐々木先生にとっては指で何かを触って認識することができるので、「認識する物質」になるように思いますが。

おっしゃるとおりですね。しかしそのように見方によって変わってしまうと、絶対的な分類ができません。アビダルマによれば、指そのものは「認識する物質」ではなく「認識される物質」です。

しかしその指で私はさまざまな触感を感じ取ることができる。「冷たい」とか「痛い」といった感覚です。それなら指は「認識する物質」でもあるのではないか、という疑問が生じます。

これに対してアビダルマは次のように言います。「指そのものが触感を感じ取っているのではない。指の表面に特殊な物質があって、それが触感をキャッチする。それこそが触感を認識する物質なのである」

目や耳などもまったく同じで、私たちが目や耳だと思っているのは実はただの容れ物であって、それ自体は「認識される物質」です。その奥深くに本当の目、耳といった感覚器官が隠されていて、それが実際の認識作用を行っていると考えるのです。

奇妙な説明のように聞こえるかもしれませんが、よく考えてみるとこれは科学的な知見とそう大きく違うわけではありません。生理的に見れば、ものを見ているのは眼球ではないでしょう。眼球から大脳皮質までのすべての神経系が機能することで、私たちはものを見ることができます。しかもそのすべてを取り出してホルマリンに漬けても、目として機能するわけではありません。それらの全器官が生体として機能している「状態」が本当の目というものなのです。

耳や鼻や舌や皮膚も同じです。それ自体は「認識される物質」であって、聴覚や嗅覚や味覚や触覚の源泉ではない。脳とつながってそれが機能している状態が「認識する物質」としての目や耳なのです。アビダルマの考えは、これと同一線上にあるのです。

感覚器官から心に情報がインプットされるメカニズム

さきほど私は、心に情報をインプットする感覚器官は六つあると申し上げました。ふつうは目、耳、鼻、舌、皮膚の「五感」ですが、アビダルマでは過去を思い出したり未来を予測したりすることも特定の認識器官の働きだと考えます。その器官は、肉体にはありません。「心」が、その認識器官です。

そうなると、認識器官である心が心に情報を届けるという、おかしな構造になってしまいます。しかしアビダルマの説明では、認識器官としての心は現在の心ではありません。一刹那《せつな》だけ前の心です。一刹那前の心が認識器官として働き、その結果としての認識が、一刹那あとの心に生じてくるという構図です。仏教で言う「刹那」は時間の単位で、一刹那は瞬《まばた》きの二〇分の一。一刹那前の、過去や未来を認識する「認識器官」としての心には「意」という別名がついています。

心にはこの六つの認識器官から情報がインプットされるのですが、六つの器官から同時に情報が入ることはありません。一刹那には一本のラインからしか情報が入らない。ですから、仮にテレビから映像と音声を同時に得ているように感じたとしても、それは錯覚だと考えます。私たちは、「見る」「聞く」「見る」「聞く」を一刹那ごとに順番にやっていて、そのスピードがあまりに速いので、「テレビを見ながら聞いている」ように感じるわけです。

この六つの認識器官を通して、心というスクリーンに情報が映っている状態を「識」と言います。たとえば目を通して伝達された情報によって心に生み出された認識は「眼識」と呼ばれます。同様に、耳で聞いた音声は耳識、においは鼻識、味は舌識、触覚で得たものは身識、そして「意」、つまり一刹那前の心で認識したものは意識です。この「六識」のうち先の五つは仏教用語でしか使われませんが、最後の「意識」だけは日常用語になりました。これが、私たちがふつうに使っている「意識」という言葉の起源です。

ただし「意識」は、明治時代に英語の「consciousness」の訳語に当てられたために、仏教で言う「意識」とは違った意味で使われています。たとえば頭を殴られて気を失った人は、五感が働きません。いまの日本語では、これを「意識を失った」と言います。しかし仏教の考え方に照らせば、これは、眼識、耳識、鼻識、舌識、身識がシャットアウトされ、意識だけが残って働いていることになります。「意識を失った」人は、実は「意識だけがある」人なのです。

因果律の世界に「自由意思」は存在しうるのか

――縁起という因果律は心の働きにも当てはまるわけですよね。つまり、同じインプット（原因）に対しては同じアウトプット（結果）があることになります。その場合、仏教では「自由意思」はあると考えるのでしょうか。

自由意思は、あります。そもそも縁起というのはきわめて込み入った因果律で、人智をはるかに超えているため、私たちはその実態を知ることができません。ですから、もし神のような超越者が存在して、すべての縁起を理解していれば、それは自由意思ではなく決定論的なものに見えるでしょう。しかし人間は何が原因でそうなっているのか分からないので、決定論とは違う自由意思で動いていることになります。スケールの違いによって、どちらにも見えるわけですね。

——本人の認識の上では、あたかも自由意思があるように感じるということですか。法則を厳密にとらえると自由意思はないと考えられるけれど、私たちが認識できる世界では自由意思があると言っても間違ってはいない？

そうです。仏教では超越者はいないので、すべてを見通し、それをコントロールする神の視点はありません。ですから私たちは自由意思で行動すると考えます。物理学ではどう考えますか？

究極の法則によって宇宙の動きが支配されているとすると、すべては決定されていて、自由意思は存在しないことになると思いますが。

――そこは難しいところで、私にはまだよく分かりません。たしかに、自然現象は因果律に従っているので、自然の一部である心の動きも、究極的にはそうだと思います。その意味では、人間の未来の行動は初期条件によってあらかじめ定められていると言えるでしょう。その中で自由意思がどのように現れるかは、未解決の問題です。そもそも、私たちは自由意思や意識と言うときに、それがどのような意味を持っているか分かっているつもりでいますが、これらの概念は科学的にきちんと定義されていません。さきほど、「我」は存在しないものにつけられた名称にすぎないとおっしゃいましたが、自由意思も私たちが考えているような意味では存在しない、幻想なのかもしれません。

そうでしょうね。最終的には「意識とは何か」という問題に収斂してしまい、私たちにはそれに答える力がありません。もしそれに答えられる人がいるとすれば、仏教では「それは仏陀だ」ということになります。

時間とは「刹那」の単位で変化する現象の積み重ね

次に、アビダルマにおける「時間」の考え方を説明しましょう。

仏教では、時間は「刹那」の単位で動く現象と考えます。ただし現象自体に「動き」はありません。映画のフィルムの一コマのように、ひとつひとつの刹那ごとにこの世の現象は止まっている。静止画像が連続して高速で映写されると、あたかも動いているかのように見えるのと同じ原理で、私たちが「動き」と感じるものはすべて静止状態の連続性から生じてくる錯覚です。

ですから、時間概念を伴う有為法の世界では、刹那ごとに物事が別物に入れ替わっていると考えます。たとえば空を飛ぶ飛行機も、同じものが連続しているのではない。刹那ごとに違う飛行機が現れている。それが連続的な変化に見えてしまうのは、人間の認識能力が劣っているからです。もっと分解度の高い認識能力があれば、刹那単位の変化が分かるでしょう。これが、「諸行無常」のアビダルマ的な解釈です。長い時間をかけて岩などが風化していくのも、一刹那ごとの変容の積み重ねにほかなりません。

時間の流れを映写機にたとえるなら、まだ映写されていないリールには未来の可能性がすべて含まれています。そこからひとつのコマが映写され、過去に巻き取られていく。ただし未来のコマは、あらかじめ順番が決まっているわけではありません。それだと決定論になってしまいますが、因果律では現在が未来を決めます。ですから未来というのは、無限にあるバラバラな可能性のコマがランダムに散らばっていると考える。現在の状態が決まると、その未来の中からひとつのコマが予約されて、次に映写されるのです。

「業」とは、いまの行いで未来の運命が決まる予約システム

ところで、仏教には輪廻の成り行きを決める「業《ごう》」という概念があります。インド語では「カルマ」です。倫理的に良いことや悪いことを行うと、それが遠い未来の運命を左右する。ものを盗むと、いつかは分からないけれど、必ずその報いとして地獄に落ちたりするわけです。この「予約システム」が「業」なのです。

では、これを映写機のたとえで説明すると、どうなるか。未来がすべて存在すると考えるなら、私が地獄に落ちている可能性もそこに含まれている。そして、今の私が盗みを働いた瞬間、その未来の可能性の中にある、「私が地獄に落ちている」コマが「予約済」となり、必ず、その可能性が現在において実現することが確定します。いったん予約された未来は、いつか必ず現在として映写されることになります。

しかし実を言うと、こういったアビダルマの時間解釈も一枚岩ではありません。未来は存在せず、現在だけがあると考えた人たちもいます。現在が次の刹那を決め、それがまた次の刹那

を決める。この考え方だと、いまのあり方が遠い未来の可能性に予約の信号を送るという、「業」の予約システムは使えません。

その場合は、現在ある私の存在形態の中に、未来の大変動の要因が内在している、という別のアイデアが主張されます。さまざまな要素がある特定のつながり方で、私という集合体をつくっている。ところが、その要素集合体である私が泥棒という行為をすると、精神的な揺れが起きて、集合体の関係性に微妙なズレが生じます。そのズレが減衰することなくいつまでも保存され、ある特定の条件が揃ったときに突如大きな結果として出現する。それが地獄に落ちることだと考えるのです。これは、いわばカオス理論のようなもので、未来の実在を想定しなくても、小さな原因が大きな結果を生み出すことがこれで説明できるわけです。

数学などまったく知らない時代のインドのお坊さんたちがこういうシステムを考えたのは、とてもおもしろいと私は思います。もちろん仏教は現代の科学を先取りなどしていませんし、数学という言語を持たない以上、物事を定量的に理解することができないので、科学に追いつくはずもありません。しかし、ある特定の条件下で、人間が同じような思考から同じようなアイデアにたどり着いたということは、実に興味深いのではないでしょうか。

――たしかに、因果律を数学を使わず、日常言語で定性的に理解しようとすると、そういう考え方になるだろうとは思います。いまのお話の前半（一二四ページ）の「刹那」の概念は、たとえば古代ギリシアのゼノンの「飛んでいる矢は止まっている」というパラドックスに通じる話だと思います。ゼノンのパラドックスは、十七世紀から十九世紀にかけて、数学で無限小の概念が正確に定義されるようになり、微積分の概念が発達することで解消されました。「刹那」の考え方も、微積分の言葉を使えば、より正確に表現できるのではないでしょうか。

大乗仏教はなぜ生まれたのか

釈迦の仏教は「自分のことしか考えない」利己主義か？

ここまでは、釈迦の教えを哲学としてまとめた「アビダルマ」の中身を紹介してきました。最後に、その「アビダルマ」を否定する形で登場した大乗仏教のことをお話ししておきましょう。

釈迦の仏教に対しては、「自分のことしか考えない利己主義だ」という批判があります。たしかに、釈迦の目的は自分の苦しみを消すことでした。修行によって自分の煩悩を断ち切り、自己改造することで苦しみを消す。自分という世界の中で完結する個人の宗教です。

とはいえ、それは利己的なものではありません。釈迦は自分の苦しみを消すという当初の目的を達成したあと、その道を人々に教える側にまわり、大いに他人を助けました。

ただし個人の宗教である仏教は、修行の道を進んで自己を鍛えるためには、出家して修練の日々を送る必要があります。ところが釈迦が死んで五百年ほど経った頃、つまりいまから二千年ほど前のインドは戦乱期を迎え、人々が落ち着いた生活を送れなくなりました。出家してサンガに入るのは難しいし、サンガに入って修行をしようとしてもお布施が集まりません。そのため「サンガで修行せずに自力で悟ることはできないのか？」という疑問が生まれました。

実は仏教にはひとりだけ、そのモデルになる人物がいました。誰からも方法を教わらず、自力で悟りを開いて「仏陀」になった人。それは、釈迦自身にほかなりません。

ならば、釈迦の道を追体験することで、誰もがひとりで仏陀になれるはずです。ここで初めて、仏陀の弟子として修行するのではなく、自力で仏陀になるにはどうすればよいかという新しい問題が発生しました。それを知るには、仏陀になるまでの釈迦の人生をたどってみなければなりません。

サンガで修行せず自力で仏陀になる方法

釈迦は、王子としてカピラ城という国に生まれ、出家して修行をしたあとに、菩提樹の下で悟りを開いて仏陀になりました。これだけならば、ほかの人と区別されるような特別な修行の痕跡はありません。それなのに、なぜ釈迦だけが仏陀になれたのか。その理由を知るには、生まれる前の過去にまでさかのぼる必要があるでしょう。仏陀になるまでは、釈迦もほかの人々と同様、輪廻してきたはずだからです。無限の過去から何度も生まれ変わる過程のどこかで、ほかの人とは違う特別な修行をしたに違いありません。

だとすれば、その特別な修行を始めるきっかけがあったはずです。何らかのきっかけで「仏陀になろう」と思ったから、修行を始めたのでしょう。では、そのきっかけは何か。これは、私たち自身が釈迦と同じ道をたどろうとするときに、もっとも必要となる情報です。仏陀になるための第一歩を踏み出すためには、何をしなければならないのか、という問いに対する答えとなるからです。

答えはいたってシンプルです。釈迦は大昔のあるとき、別の仏陀に会って、「ああ私も、こんな人になりたい」と思ったのです。人は、モデルになる立派な人に出会ったときに初めて、「自分もそうなりたい」という志を立てるものだからです。

前にも述べましたが、仏教では長いインターバルを置いて、時々仏陀が現れると考えます。ですから、釈迦が前世のどこかで昔の仏陀に会っていても不思議ではありません。そのとき釈迦は、「私もあなたのような仏陀になりたいので、これからは生まれ変わってもずっと修行を続けます」と決意したのです。そんな釈迦を、その昔の仏陀は「がんばりなさい」と励ましたはずです。

それから釈迦は、たとえばウサギに生まれ変わっても修行をし、サルに生まれ変わっても修行をしたのです。しかし、ウサギには、出家したお坊さんのような仏道修行はできません。では、ウサギやサルでもできる修行とは何か。それは、まわりの者を助けることであろう――ここで初めて、身を犠牲にして他者を救うことが仏教の修行になるという考え方が生まれたのです。

これで、仏陀になるための道筋が分かりました。第一条件は、仏陀に会って修行することを誓い、励ましてもらうこと。次に第二条件として、何に生まれ変わってもまわりの人（やウサギやサルなど）を助けること。すると最終的には、どこかで悟りを開いて仏陀になるはずである、というわけです。

釈迦よりはるかに優れた仏陀「阿弥陀仏」の登場

こうして、仏陀になるための道を探求していくと、出家しなくても、日常生活を送りながら仏陀への道を進むことも可能だということが分かってきました。ただし前提条件として、まずどこかで仏陀に会わなければいけません。これが難しい。すでに釈迦という仏陀は涅槃に入って消滅していますし、前にもお話ししたように、次の仏陀である弥勒が現れるまでには、まだ五十六億年以上あります。それまで輪廻し続ければ会えるはずですが、そこまで待ってはいられません。

そこで当時のインドの人々は、新たな世界観をつくり出しました。この世界はひとつではなく、パラレルな世界が無限に存在しているというのです。仏教的パラレルワールドの登場です。その世界のそれぞれに仏陀がランダムに現れるとすれば、いまもどこかに必ず仏陀の生きている世界が存在するでしょう。

さらに、その仏陀が長生きだということにしておけば、どんな時代の人間でも会うことができます。ならばいっそのこと、ある特定のパラレルワールドにいる仏陀は永遠の命を持っていることにしてしまえばいい。それなら、自分たちはもちろん、孫子の代まで誰でも仏陀に会えることになります。

――しかし、違う世界に行くのは難しいでしょう。現代の宇宙論にもマルチバースという考え方はありますし、量子論では多世界解釈というものもありますが、別の宇宙や別の世界を直接観測することはできません。

そうなんです。このパラレルワールドも宇宙の外側ですから、ロケットに乗って行くこともできません。ですから、この世界の私たちが外の仏陀に会うには、仏陀のほうの設定を変える必要があります。無限の命を持つだけでなく、無限の影響力を持っていれば、ほかの世界にまで力を及ぼせるでしょう。向こうから、こちら側に会いに来てくれるというわけです。この仏陀は、無限の寿命があるので「無量寿」と名づけられました。

——その無量寿は、神とほとんど変わらないような印象も受けますが。

万能に近い存在ですからね。しかし無量寿は世界を創造してはいません。そこが神とは違います。無量寿も修行して仏陀になったわけですから、それ以前は神でも何でもない、ふつうの人間でした。ところがものすごい修行をしたので、無限の命と無限の影響力を身につけることができた。ですから、この仏陀は釈迦よりもはるかに優れています。釈迦は八十歳で亡くなり、同時代の人々しか救えませんでしたが、この仏陀はあらゆる世界の生き物を永遠に救い続けることができるのです。

この無量寿のことを、インド語で「アミタ・アーユス」と言います。そのパワーが無限に広がってすべてを照らすことから「無量光」という別名もあります。こちらは「アミタ・アーバ」。「無量」が「アミタ」なので、「アミタ・アーユス」にしろ「アミタ・アーバ」にしろ、呼び名は「アミタ」です。いずれにしても「アミタ仏＝阿弥陀仏」になります。

阿弥陀仏さえ想定できれば、仏陀になる道は大きく開かれます。阿弥陀様に会って誓いを立てれば、あとはまわりの者を助けるという修行をひたすら続けることで自分も仏陀になって涅槃に入ることができる。ですからまず、私たちがなすべきことは、その阿弥陀仏に、「どうぞあなたの世界へ連れていってください」というお願いをすること。インド語で「阿弥陀仏様、よろしくお願いします」と言うのです。インド語の「よろしく」は「ナマス」ですから、「ナマスアミダ仏様」となります。ただしインド語の音韻変化により、これが「ナモゥアミダ」となります。その後ろに「仏」がつくと、ナモゥアミダブツ。これが「南無阿弥陀仏」という念仏になりました。これさえ唱えていれば阿弥陀仏がよろしく導いてくれる。それが日本における大乗仏教の重要な柱のひとつ、阿弥陀信仰の本質です。

修行は不要、阿弥陀にお願いすれば目的達成

だとすれば、いわゆる「他力本願」の意味も理解できるでしょう。阿弥陀がすべての力を持っているのですから、私たちは何もする必要はありません。自力でやろうとすると、阿弥陀を信じていないことになってしまいます。阿弥陀を信じているなら、何もしないことが正しい態度だということになるのです。

もちろん、本来なら阿弥陀の前で誓いを立てたあとに、他者を助ける行動を続けなければいけません。実際、二千年前の阿弥陀信仰のお経ではそうなっていました。ところが時代を経るにつれて、お経の内容も変わっていきます。当初は阿弥陀に会うことが最初の一歩だったのに、やがて阿弥陀に「よろしく」とお願いして阿弥陀の世界へ行けば、それで目的達成ということになってしまいました。

阿弥陀のいる世界のことを「極楽」と言います。初期のオリジナル仏教では煩悩を消して輪廻を止め、「涅槃」に入ることが目的であったものが、いつの間にか、快適な暮らしが約束された極楽に行くことをゴールとするものになりました。本来ならば、その快適な極楽という世界をスタート地点として、仏陀となり涅槃に入るための修行を積まねばならないのですが、その部分は次第に脇に置かれて、極楽の快適さのほうが強調されるようになりました。日本の阿弥陀信仰もそういった流れの延長上にあります。

――世界を理解しようという立場は同じでも、目的が異なると出てくるものも違ってくるのですね。科学の場合は自然界を理解すること自体が目的です。しかし、仏教のように「より良く生きる」という目的があると、ただ理解するだけでは終わらない。お話を聞いていると、その目的のために、ストーリーを創作しているようにも思えます。

釈迦の仏教から大乗仏教への転換は、世界観の転換というより、世界観をつくる方法の転換だったと言えるかもしれません。
注意すべきことは、いまお話しした阿弥陀仏の話は、数ある大乗仏教のひとつにすぎないという点です。大乗仏教の目的は「仏陀に会えない自分たちが仏陀になるにはどうすべきか」という難問の解決ですから、その方法はひとつではありません。それぞれの解決策に対応して、新たな世界観が生み出されていきます。したがって、すべての大乗仏教がパラレルワールドを想定するわけではありません。別のアイデアとしては、実はみんな過去に仏陀に会っているのにそれを忘れているだけだ、というものもあります。それを思い出せば、誰でも仏陀になれる。

――無限の世界のどこかに仏陀がいるのではなく、無限の過去に無限の仏陀がいたはずだから、輪廻をくり返すうちにどこかで会っている、という理屈ですね。

そういうことです。では、過去に仏陀に会ったかどうかをどうやって確かめるのか。それに対する答えはこうです。「このお経を読んであなたの心が感動しているなら、あなたは過去に仏陀に会っている」。読んでいるお経が、仏陀になれるかどうかのリトマス試験紙みたいなものになるわけです。当然、みんな「そういえば少し心が震えたような気がする」などと答えるでしょう。

「俗な心で人助けをしてはいけない」というのが釈迦本来の教え

このように、大乗仏教では何をおいても「仏陀に会う」ことが大事なのですが、会って誓いを立てたあとどうするかというところに、大きな問題があります。阿弥陀に「よろしく」と言えば即目的達成となる阿弥陀信仰は別として、基本的な考え方としては、誓いを立てたら、そのあとは周囲の他者を助けることで修行を積まなければいけません。さきほどの例で言えば、ウサギやサルの利他行ですね。しかしこれは、釈迦のオリジナル仏教とは矛盾します。なぜなら、本来の仏教では、それは仏陀になるための修行にはならないからです。

他者を助けるというのは良いことですが、「業」の考え方によれば、良いことをすると次に楽しいところに生まれ、悪いことをすると苦しいところに生まれます。しかし、これでは輪廻が止まりません。釈迦の仏教は輪廻そのものから離脱して、二度と別のところに生まれないようにするのが目的。ですから、悟りを目指す者は、実は良いことをしてはいけないのです。

したがって、釈迦の教えのとおりに出家したお坊さんは、世俗的な意味での人助けをしません。驚かれるかもしれませんが、そういうものです。ただし、その行いが「業」にならないやり方もある。

「業」というのは、その行動自体ではなく、人がその行動を取ったときの心持ちによって生まれてきます。たとえば行き倒れの人を見つけて「ようし、この人のために良いことをしよう」と思って助ければ、これは「業」になるでしょう。良いことをしたので、楽しいところに生まれ変わります。しかし、行き倒れの人を見て、何も思わず、まったく心が揺れることなしに平常心で助けた場合は、「業」になりません。それは輪廻を誘引しないという意味で真の善行なのです。釈迦の仏教では、良いことをするという思いを持たずに良いことをするのが理想なのです。

しかし仏陀を目指す人が、修行として他者を助けるとなれば、これはやはり「良いことをしよう」という意思があるのですから、「業」になってしまいます。それをやり続けていたら、輪廻は止まらず、当然ながら仏陀になれるはずがありません。

ところが仏教では、過去に仏陀と出会った釈迦が誓いを立てたあと、修行としてウサギになってもネズミになっても周囲を助け続けたことになっています。なぜ、それで仏陀になることができたのか。それを説明しなければなりません。これが、大乗仏教にとって最後に残ったネックでした。

『般若心経』とは「アビダルマ」全否定の考え方

そこで編み出された理屈は、こういうものです。良いことをすると天に、悪いことをすると地獄に生まれるといった業の因果律は、人間の低いレベルの知恵が見つけ出した法則にすぎない。しかし本当は、それを超えた別の法則が存在する。その法則からすると、ある原因が、人間には分からない結果につながることもある——と言うのです。

釈迦が教えてくれたのは、その低いほうのレベルの法則性であって、その奥にあるもっと深い法則性を理解すれば、他者を助けるという良い行いを輪廻の生まれ変わりではない別の結果につなげることができます。つまり、天に生まれるという結果ではなく、「仏陀になって皆を助けたあと、涅槃に入る」という、より高い結果のほうへ向けることができるのです。そうやって、自分の行為のパワーを、人間レベルの低次元の法則が導く方向ではなく、もっと奥深い法則が導く方向へ向けることを「回向《えこう》」と言います。

では、その奥深い法則はどのようなものかと言うと、これは人間の言葉では説明できません。しかし、あることはある。あるのは分かるが、言葉では表現できない究極の法則、それを大乗仏教では「空《くう》」と呼びました。「空」の法則があるから、私たちは回向が可能になり、したがって世俗にあって人助けをしていても、仏陀になって涅槃に入ることができるというわけです。

この「空」の重要性を強調しようとすると、その結果として釈迦の知恵を低く見ざるをえません。「空」は釈迦の教えより上位にあります。ですから大乗仏教は、釈迦の知恵を体系化した「アビダルマ」を否定しました。たとえば大乗仏教の『般若心経』には、「無眼耳鼻舌身意」と書いてあります。眼・耳・鼻・舌・身・意の六つの認識器官が「ない」と言うのですから、これはアビダルマの全否定にほかなりません。

また、「色即是空」という有名な言葉は、「色は空だ」という意味ですが、これはすなわち、アビダルマで物質要素のことを指す「色法」が「空」だと主張しているわけです。決して、「物質は存在しない」という意味ではありません。この世界を物質・心・エネルギーに分類することと自体が間違いだという意味です。「アビダルマ」の分類法を解消して、あらためて「空」の法則で解釈すれば、世界は別の形で見える。「空即是色」はそれとは逆に、「空」という高度な法則が人間のレベルで現れたときには、物質や心やエネルギーになっているように見えるということを意味しています。

以上、「アビダルマ」で体系化された釈迦の仏教と大乗仏教の違いを駆け足でお話ししてきました。世界観を構築するための立脚点が、両者では根本的に違います。釈迦の仏教は、世界を支配する法則を発見することで自分を救うものです。それに対して大乗仏教は、自分が救われるために適切な世界を自己構築するものになりました。科学との接点ということからすれば、やはり釈迦の仏教のほうに親近感があると言えるでしょう。

第三部　「よく生きる」とはどういうことか

——佐々木閑×大栗博司

世界を正しく見るということ

釈迦が絶対的で完璧な人間だとは考えていない

大栗　ここまでのお話で、佐々木先生の仏教学者としてのお考えはよく分かりました。学者として仏教を研究なさっているわけですが、その一方で先生は僧侶でもあられますよね。つまり、仏教学者であると同時に仏教徒でもあると考えてよろしいのでしょうか。

佐々木　私自身は僧侶や仏教徒とは言わず、「仏教者」と呼んでいます。「仏教徒」の場合はある特定の組織の教義に従うメンバーというニュアンスがありますが、私はどこの組織にも属していないつもりなので。

大栗　キリスト教でも、「キリスト教徒」と呼んだり、「キリスト者」と呼んだりするようですが、そのような違いでしょうか。

佐々木　それと同じようなものです。もちろん、ひとくちに「仏教者」と言っても、仏教のとらえ方によって意味合いは違うでしょう。たとえば比叡山で千日回峰行の修行をしている人たちは、天台宗という宗派を自分のよりどころとする仏教者なのだろうと思います。しかし私は後世にできた宗派ではなく、釈迦のつくった宗教的な理念をよりどころにしています。私が僧侶の資格を持っている理由は、たまたま寺院に生まれたという、それだけのことです。

大栗　単刀直入にお聞きします。釈迦の教えを宗教として信じていらっしゃいますか。

佐々木　「宗教として」という言葉の意味が難しいですね。私は、釈迦が絶対的で完璧な人間だとはまったく考えていません。私たちと同じ人間だから間違ったことも言うだろうし、先入観や偏見も持っていただろうと思います。ただ、当時のインドでは考えられないほどの合理的な精神の持ち主だったことは確かでしょう。そういう人物が示した生きる道筋が、私にとってはひじょうに魅力的なんです。だから、それを抽出して自分のよりどころにしたい。

しかし釈迦の世界観がすべて私のものになるとは思っていませんし、そんなことはしたくもありません。たとえば釈迦の教えには、「輪廻」や「業」など、現代の私たちから見ると不合理な要素がたくさんあります。仏教学者としてはそれも研究対象のひとつですが、仏教者としてはそれを除外して考えるのです。

「生きる辛さは自分の知恵で解消しろ」という教え

大栗　佐々木先生は、釈迦の教えの中で現代人として受け入れられる部分をよりどころとなさっているわけですね。では、そのように現代人がよりどころにできるのは、仏教のどの部分でしょうか。

佐々木　まず、一般的な宗教とは違って、外的な力による救済を一切認めないところですね。「神に救ってもらう」といった思いをまったく含みません。その一方で、「生きることは絶対的な苦だ」という世界観の上に立つ。これも私は同感です。生きることは本質的にすべて苦しみであって、楽しみはその上に浮かぶ儚《はかな》い泡のようなもの。その生きる辛さを自分の知恵で解消しろと釈迦は言うわけです。自分の心の中に苦しみを生み出すシステムがあるから、それを自分の力で変えなければいけない。釈迦はそのための方法まで教えてくれました。それは「よく考えろ」ということです。

大栗　よく考えて、自分の苦しみの根源は何かを理解しろと。

佐々木　それは別の言い方をすると「世の中の本当のあり方を見る」ことなので、そこに科学との共通性を感じるんですね。もちろん、科学は私たちの苦しみを消すために存在するわけではありませんが。

大栗　おっしゃるように、科学も、この世界をよく見て、その仕組みをよく理解する方法のひとつです。

佐々木　また、私は無条件に神秘的な力に頼るという考え方が嫌いなので、苦しみを消す方法が毎日のトレーニングだという点にも惹かれます。

大栗　なるほど。そういう方法によって苦から救われることを保証するところが、仏教という宗教のいちばんコアな部分だとお考えなのですね。

佐々木　そうです。そういう保証に対する信頼です。だから私は日頃から仏教の「信仰者」ではなく「信頼者」だと言っています。

大栗　苦から救われることは何によって担保されるとお考えなのでしょうか。

佐々木　それはもう、自分の体験しかないですね。

大栗　実際に釈迦の教えに沿って自分の苦しみの根源をよくよく考え、その苦しみのもとを理解することによって、苦しみから逃れることができた?

佐々木　できるだろうと思えるんですね。できてしまったら、悟ったことになりますから（笑）。しかし実際に最後のゴールに行かなくても、そこに到達できるという期待を持って生きているだけでも、苦を消す作用はたいへん強いと私は思っています。

客観的真実としての世界観、精神を守るための世界観

大栗　それが佐々木先生にとっての仏教なのですね。第二部の講義で仏教の三つの理念についてお聞きしたときに、その第一の理念である「超越者の存在を認めず、現象世界を法則性によって説明する」には、科学的態度に近いものがあるように思いました。もちろん、伝統的な仏教の法則には、輪廻や業などの超自然的なものも含まれていて、その部分は科学者として納得

できません。しかし、そうした部分を取り除けば――佐々木先生も輪廻は信じていないとおっしゃっていましたね――仏教の教えは現代の私たちにも受け入れやすいと思います。すべての現象は法則に従い、途中で神様が出てきて恣意的な判断をするわけではない。とくにイスラム教の場合、佐々木先生のように教えの一部だけを採用することはありえないでしょう。

佐々木　それは許されません。しかし仏教ではそれが許されると私は思います。これは、科学と宗教の関係性にもつながる話です。

科学の世界には、まず「この世の正しいあり方やその法則性を知りたい」という思いがあり、科学者が次々に新しい世界観をつくり上げていきます。大栗先生のお話でも、時間と空間が絶対的なものではなくなるなど、誰もが常識だと思っていた概念が覆されてきたことがよく分かりました。ところが多くの人々は、そういう科学の驚異的な発展とは無縁に、従来の常識に従った暮らしをしています。これが私にはおもしろい。科学は世界の真実を語っているのに、私たちはその科学を自分のこととして親身には受け入れないという、不思議な現象があるわけです。

一方の宗教は、その逆だと思います。自分のこととして受け入れなければいけない現実が先にある。「死」であれ「病」であれ、いま持っているものを失わねばならぬという現実です。これは、のほほんと暮らしている日常世界に突如として現れる世界の崩壊なんですね。その崩壊現象から自分の精神を守るために、新しい世界観を求める。それが宗教です。

その新しい世界観の中でもいちばん典型的なのは、「死なない」という世界観でしょう。宗教が与える死後の世界が本当にあるかどうかは、科学的問題ではない。自分の世界が崩壊するときに支えてくれるものであれば、その世界観には価値があります。科学の世界観は正しいかどうかが問題ですが、宗教のつくる世界観は、客観的真実であるかどうかよりも、自分の精神の支えになるかどうかが優先されるんです。

科学と宗教を何らかの形ですり合わせることができるとしたなら、そのためには、宗教のつくる世界観と科学的な世界観が、たとえ部分的にであれ、どこかで結びつかねばなりません。

量子力学や超弦理論を知らなくても生きてはいけるが

大栗　過去四百年間に科学は飛躍的に進歩し、私たちの経験世界は大きく広がりました。神秘的な起源を持つ宗教と異なり、仏教が釈迦という特定の個人が経験したことに基づいて考え出されたのだとすると、科学の進歩によって広がった世界の中には、釈迦が知らなかったこともたくさんあるはずです。そこで、釈迦の限られた経験に基づいてつくられた仏教は、現代社会には当てはまらないという見方も出てくるでしょう。

しかし私は必ずしもそうとは言えないと思います。というのも、自然界には階層構造があると考えられており、それぞれの階層ごとに法則があります。ある階層を理解するにはより深い階層の法則を知らなくてもいい。たとえば化学の研究者は、より深い階層の原子核物理学の法則を知らなくても、分子レベルの理解だけで新しい物質をつくることができます。生物学の研究者も、クォークのことを知っている必要はないでしょう。

同じことは人間の世界にも当てはまります。たとえば私たちの日常世界で経験する現象の大半は、量子力学や超弦理論と直接的な関係はありません。とくに釈迦が苦として考えた「老・病・死」などは、人間世界の中の現象ですから、それについて釈迦の時代に考えられた知恵は現在でも生きているのだと思います。

その一方で、自然界の法則が解明されることで、宗教の主張が否定されることもありえます。私たちが日常生活で経験する現象はすべて物理学の基本法則に支配されているので、それと矛盾する神秘的現象や超常現象は起こりえません。

佐々木　深い階層構造があることを理解しながら日常レベルの世界で生きるのと、そういう構造への理解を放棄して生きるのとでは、大きな違いがある。その階層構造が分からない人たちは、超常現象を信じることになるでしょう。それが大きな問題になっていると思いますね。いわゆる「似非《えせ》科学」の本質はそういうところにある。

大栗　そこが重要なポイントです。科学は自然界のすべてを解明したわけではありませんが、ある階層においては明確に「ありえない」と否定できる現象はあります。いわゆる超常現象の多くは、このようにしてすでに否定されています。

アビダルマに見る「物事を科学的に見ようとする姿勢」

佐々木　釈迦の場合、この世の物理現象すべてを解明しようとは夢にも思っていませんでした。考察対象は心の中だけですから、外部に関する考察は曖昧でいい加減です。科学の足下にもおよびません。しかし精神内部の分析に関しては、釈迦から始まった仏教的精神分析学のようなものが発展して、「アビダルマ」という一大ジャンルに結実しました。もちろん数学という言語を使っていないので科学には到底およびませんが、そこには科学的に物事を見ようとする姿勢がある。それは、外的な神秘性を排除して世の中を正しく見ようとした釈迦の姿勢の延長でしょう。

大栗　そのアビダルマの仏教的精神分析のことをもう少し教えていただけますか。

佐々木　釈迦は精神と物質の二元論者ではなく、精神と物質が連結され、一体化した形で世界が成立していると考えました。したがって私たちの精神世界と物質世界をつなげるコネクターがあると考える。それが、人間の認識器官です。認識器官は、組成は物質だけれども作用は精神なんですね。外界の物質と、心と、その認識器官の三つが一体化したところに私たちの存在がある。釈迦はそう分析しました。

では、その物質や心や認識器官はそれぞれ何種類あるのか。物理学者なら、いまのところ物質を形成する素粒子は一七種類と考えるのでしょうが、仏教では精神との対応関係が分類の線引きになるので、外界の種類は結局のところ認識が何種類あるのかによって決まります。だから、外界の物質は全部で五種類に分けられるんです。

大栗　人間に「五感」があるから、それに対応して物質も五種類と考えるんですね。

佐々木　そうです。そして仏教ではさらに、第二部でもお話ししたとおり、もうひとつ、心でしか認識できない対象があると考えます。ですから、五種類の肉体上の認識器官に加えて心という内的な認識器官も足して、六種類の認識器官を想定します。それを「六根」と言うのです。この、物質と精神と認識器官の一体化した世界が、時間と共に変化していくわけです。

時間については、過去と未来の諸存在は実在すると考える。ただし過去も未来も存在はするけれど作用はしません。未来にある存在が作用した状況を現在と呼び、作用が終わった存在を過去と呼ぶんですね。映写機のコマが流れていくように未来から過去に諸存在が流れていく時間の中で、六種類の認識システムがどのように動くのかを見るのが、アビダルマの基本的な世界観です。

大栗　客観的な外的世界とそれを認識する側が一体になっていると考えるのですか。

佐々木　そうです。ただし大乗仏教になると、外の世界は心がつくり出す幻だという話になっていきますが。

大栗　西洋哲学の唯心論みたいなものですね。

佐々木　ええ。しかし釈迦は絶対にそのようなことを言いません。外界はたしかに存在すると考えるのが、釈迦オリジナルの仏教です。

宗教を信じるとはどういうことか

大栗　仏教が、私たちの認識はどのようになっているのかを理解しようとするのは、世界をよく知ることにより、究極的には苦を取り除くためにしていることですね。

とすると、仏教が世界を正しく認識するためのより強力な方法を、科学が与える可能性もありますか。たとえば脳や神経の働きに関する科学的な理解が進むことで、アビダルマの世界観が否定されることもありうるでしょう。苦を取り除くという究極の目的のために、世界を正しく見ることが必要なのであれば、科学の知見を取り入れることも可能ではないですか。

佐々木　ありうると思います。もし脳科学の知見が役に立つなら、仏教がそれを取り入れても全然かまわないと、私は思います。正しく物事を見るのが最良の道であるという原則さえ守っていれば、旧来の仏教の教義が新しい科学的知見によって否定されても問題はありません。

大栗　そういう点で仏教は開かれているわけですね。これは、世界で大きな影響力を持つ主流の宗教の中でも特異なスタイルでしょう。

佐々木　そうですね。ただしそれはあくまでも釈迦に近い仏教の話です。日本にあるような大乗仏教になると、キリスト教やイスラム教といった宗教のスタイルにどんどん接近していく。自力救済ではなく、外部に絶対的な救済者の存在を認めるようになりますから。

大栗　一般論として、宗教を信じるとはどういうことなのでしょうか。佐々木先生の場合は苦からの救済に仏教の本質を見出しておられるわけで、そういう部分を信じるのは私にも想像できます。しかし絶対的な超越者の存在を信じるような宗教は、それとは違いますよね。そういう宗教的な覚醒のようなものについては、どうお考えですか。

佐々木　人それぞれでしょうが、私自身も心の中に絶対的なものに対する感覚はあるんです。ただそれは私個人の内部の話なので、外に向けて仏教や宗教を語るときには、そういうことを口に出しません。出さないのですが、超越者を信じる人たちの気持ちはとてもよく分かります。しかし超越者を信じる多くの信仰者は、組織を前提として信じていますね。同じ思いの人間が大勢いるグループのメンバーとして、ある宗教を信じている。これはある種、人為的信仰だと私は思っています。

大栗　組織があることによる安心感があるわけですね。「これだけ多くの人が信じているのだから」とか「こんなに偉い人も信じているから」という。

佐々木　何かを正しいと信じることには、さまざまな背景があると思います。

経験を重ねることで判断する「ベイジアン」という立場

大栗　私は科学者なので、あらかじめ「これは正しい」「あれは間違っている」と教条的に信じることはありません。ではどう考えているかと言うと、私はいわゆる「ベイジアン」で、ベイズ推定で信頼度を測ります。

ベイズ推定というのは、もともとは確率や統計の理論ですが、新しい経験をすることによって、確率の評価をどんどんアップデートしていくという考え方です。「経験に学ぶ」ということを、数学的に表現したのがベイズ推定です。たとえば、拙著『数学の言葉で世界を見たら』（幻冬舎）では、ベイズ推定の応用の例として、原子力発電の安全性を考えました。かつては多くの人々が原子力発電を安全なものだと思っていましたが、東日本大震災のときの福島の事故によってその信頼性が揺らぎました。そうやって、経験を通じてものの見方を修正していくことを、数学的に表現したのが、ベイズ推定です。

佐々木　その考え方に基づいて世界を認識するのが、ベイジアンの立場ですね。

大栗　はい。たとえば物理学の世界には、量子力学やアインシュタインの相対性理論など確立された基本法則がありますが、それをなぜ正しいと思えるのか。そういう議論でしばしば引き合いに出されるのは、科学哲学者カール・ポパーの「反証可能性」という考え方です。第一次大戦後、ヨーロッパで猛威を振るっていた共産主義者たちが自らの主張を科学と称することに反感を抱いたポパーが、科学と科学ではないものを明確に区別するために考え出したものです。反証可能性とは、「科学の法則は、実験や観測によって否定される可能性がなければならない」という考え方です。つまり、常に自らを、実験や観測で否定される危機にさらしていなければいけない。ところがマルクス＝レーニン主義は、それを否定するような歴史的事実が見つかっても、いくらでもつじつまを合わせて説明できてしまうので、反証可能ではない。したがって、科学とは言えないというわけです。

物事は「正しい」「正しくない」の二択ではない

大栗　しかし、ポパーによる定義は、科学の現場の様子とは合わない部分もあります。たとえば、研究の途中では、仮説がすぐに検証できるとは限らない。最近の例では、ヒッグス粒子の予言は五十年かかって検証されましたし、重力波にいたっては百年もかかりました。こうした場合に、ポパーが考えたような明確な境界線を引くことは難しいでしょう。では、すぐに検証できない理論の確からしさは、どのように判定されるべきでしょうか。

私は、物事は「正しい」と「正しくない」の二択ではないと考えています。信頼度には、「ほぼ確実に正しい」「正しそうだ」「正しいかもしれない」など、いくつものレベルがありえます。これは要するに「正しさの確率」の問題ですね。

自然が採用している確率が高い法則もあれば、確率が低い法則もある。四百年前に近代科学の方法が確立してから今日にいたるまで、理論的な仮説と実験による検証をくり返す科学の手法が自然の仕組みを明らかにできたのは、「検証」が、正しさの確率を評価する方法としてとても有効だったからだと思います。たとえば、有望だと思われていた仮説が、新しい実験によって棄却されてしまうことがある。これはベイズ推定のプロセスと考えることができます。

さきほどの重力波の例ですと、アインシュタインが最初に予言したのは一九一五年のことでした。しかし、それから四十年ぐらいのあいだは、理論的なレベルでも疑問がありました。アインシュタイン理論は難解なので、それから重力波の存在が導かれるかどうかについて、理論物理学者のあいだでも合意がなかったのです。アインシュタインですら、自らの予言に自信がなく、一九三六年には重力波の存在を否定する論文を書いています（これは間違っていて、取り下げられました）。こうした理論的な問題は、一九五〇年代にようやく解決したので、その頃にベイズ推定をすると確率は五割ぐらいでしょうか。

さらに、一九七〇年代の前半に、二つの星が互いを周回している連星の周期の変化が観測され、それが重力波を発しているとするとうまく説明できたので、確率が八割ぐらいに上がりました。この発見は、重力波の間接的検証として、ノーベル物理学賞の授賞対象ともなっています。

そして、二〇一五年に米国のLIGO実験で直接観測が達成されて、ほぼ一〇〇%になったわけです。

科学としては、「完全に正しい」はありえません。むしろ、各々の理論がどのくらい正しく世界を記述しているかを、確率的に考えます。過去四百年のあいだに科学が大きな成功をおさめたということは、確率を評価する方法が有効だったということでしょう。一〇〇%の正しさはありえないのですが、日常レベルの現象についてはほぼ一〇〇%に近い確率で正しい理解に到達しているのです。

しかしもちろん人間には、それで割り切れない現象もたくさんあります。それこそ宗教にしても、たとえば佐々木先生が釈迦の教えによって苦から救われると信じておられる度合いは、八割ぐらいかもしれませんね。

佐々木　おっしゃるとおりだと思います。

大栗　私たち人間の世界への認識の仕方には、いろいろなチャンネルがありうるので、それを総合することで世界をより深く理解するのだろうと思います。科学の方法はとても有効ですが、限られたところでしか使えません。科学が使えないところについては、違う認識方法がある。ただしそれは開かれた認識方法である必要があります。開かれているというのは、間違っていたら改められるということです。それは科学でもほかの方法でも同じで、ベイズ推定によって知識や理解をアップデートしていくことが大切だと思います。

歴史的現象としての宇宙の変化は検証できるのか?

佐々木 たとえば進化論はいかがですか。非科学的だと考える人もいる領域ですが。

大栗 歴史に関する科学は、そういう批判を受ける側面もあると思います。この地球上での生物進化は一回しか起きていないので、実験で再現するわけにいきません。

しかし、歴史についても、仮説を立てて検証することはできます。たとえば、生物進化のプロセスを推定したとします。そして、別の場所でそれを裏づける化石が発見されれば、ベイズ推定値は上がるでしょう。また、自然選択などのプロセスを、実験室で検証することもできます。

佐々木 そう考えると、ポパーの言う反証可能性はやはり科学をあまりにも狭いところに閉じ込めているような気がしますね。

大栗 ポパーの動機は、科学の方法とそうでない世界認識の方法——ポパーの標的はマルクス

－レーニン主義でしたが――を明確に区別したいというものでした。しかし、その目的にとらわれすぎていたように思います。さきほどの重力波の例のように、科学の仮説は、ポパーが机上で考えていたほど、すぐに白黒のつくものとは限りません。

佐々木　私もそう思います。ビッグバン理論以降は、物理学でさえ歴史性を帯びているように思うんですね。宇宙に始まりがあるとなると、そこから宇宙がどのように変化したのかを考えることになる。これはまさに歴史学になるでしょう。

大栗　おっしゃるとおりです。私たちが観測できる宇宙はひとつしかありません。そこに起きた変化は、この地球上で生物進化が一回しか起きていないのと同じです。しかしそれも、宇宙論から予言されるさまざまな現象を観測によって検証できる。歴史的な現象であっても、仮説と検証という科学の方法は有効です。

佐々木　もしその仮説が間違っていたなら観測されるはずのない現象が観測されれば、理論の正しさを納得できるわけですね。

大栗　次の実験では違う結果が出るかもしれないので、その確信度は一〇〇％ではありません。しかし実験で検証されるごとに、ベイズ推定値は上がっていきます。

佐々木　超弦理論はまだ実験で検証されているわけではないけれど、統一理論の最有力候補となるぐらいの納得度はあるわけですよね。

大栗　重力理論と量子力学の統合に奇跡的な方法で道を開いたことによって、ベイズ推定値が上がりました。もちろん、実験で検証されればそれが一気に跳ね上がりますが。

佐々木　それと比べると、私が仏教を信じるベイズ推定値のレベルはそれほど高くない。

大栗　そんなことをおっしゃってよろしいんですか（笑）。

佐々木　それを「高い」と言うと本当の信仰になります。釈迦の教えを無条件に丸ごと信じることになってしまうんですよ。

科学には自分たちの先入観を自力で取り除く力がある

大栗　でも、苦から救済される部分についてはベイズ推定値が高いですよね。

佐々木　高いですよ。しかしそれは釈迦の教え全体から見ると六〜七割です。それ以外の輪廻のような話は信じるわけにはいきません。釈迦の時代のインドの社会通念をそのまま引き受けることはできませんから。

大栗　現代の私たちにとってはありえないと思える現象でも、当時の人々にとってはごく当たり前のことだったわけですよね。同じように、たとえば現代の私たちは、寝て起きたときに自分の意識が前日から続いていることを当たり前だと思っています。しかし、よく考えるとこれも不思議なことです。もしかしたら百年後には、それは幻想だったと分かるかもしれない。夜寝るたびに死んで、朝になると輪廻のように生まれ変わっていると考えるのが常識になるかもしれないですよね。あくまでも、そうなる可能性はゼロではないという話ですが（笑）。

佐々木　仏教の時間の考え方はまさにそれですけどね。夜と朝どころか、一刹那ごとに違うものに変わっていく。

大栗　たしかに、そういう考え方もあっていいと思います。意識が連続しているのは幻想かもしれないんですから。その意味では輪廻も、寝る前と起きたあとで同じ人間であるという現象の極端なバージョンと言えなくもない。

佐々木　そういう解釈もできるからこそ、当時のインド人にとっては納得度の高い話だったのでしょう。輪廻を前提にすればつじつまの合う現象もたくさんありますからね。それは現代の私たちの科学的な世界観とそれほどかけ離れたものではありません。

大栗　そのように広く受け入れられていた社会通念を組み込んで、世界観を構築したのは、当時としては正しいアプローチだと思います。

佐々木　逆に言うと、私たちもまた、釈迦にとっての輪廻のような社会通念を土台にして物事を考えているのだろうと思います。

大栗　現在でも、私たちがとらわれているパラダイムは何かしらあるでしょうね。

佐々木　ただし近代科学には、自分たちの先入観を自力で取り除く力がある。

大栗　そこは古代に発生した宗教にはない科学の強みかもしれません。

佐々木　仏教にも、釈迦の時代にはそういう力があったようです。昔の書物を読むと、釈迦の教えをめぐっていろいろな人たちが議論を戦わせ、その中でいちばん納得できるものを選ぶ姿勢がある。ところが釈迦の死から七百〜八百年ほど経つと、教義が次第に固定化して、ひと言もそれに反論してはいけないという偏狭な態度に変わります。まさに信仰の世界になっていくんですね。

大栗　組織が成熟してくると、「世界の仕組みを理解したい」という本来の姿勢とは違う要素が入ってくるのかもしれませんね。

佐々木　それはありえます。たとえばキリスト教の宗教改革は、その組織への不満から生じたものでしょう。ただし表向きの主張としては、組織自体を批判するより、「教えが違う」と言ったほうが説得力があります。だからプロテスタントは、聖書・信仰・恵みだけを基盤とする教義認の教理を主張し、それによって組織を吹き飛ばすという本来の目的を達成できました。

いま釈迦の教えに何を学ぶか

科学者であることと宗教者であることは両立するか?

大栗　ところで、私たちは本書の冒頭で、科学と仏教の個々の要素をつき合わせることに意味はないという点で一致しました。しかし世の中には、「仏教の世界観は量子力学の知見を先取りしていた」などと考えたがる人が少なからずいるのも確かです。そのような発想はなぜ生まれるのでしょうか。

佐々木　仏教を信じる人たちが、その権威を科学によって担保してもらいたいという気持ちがあるのでしょうね。「仏教は科学さえ包含するほどの先見性を持つ正しい教えであるから、その仏教を信じる自分も正しい」と思いたいわけです。

大栗　せっかくの機会ですから、「釈迦が量子力学を知っていたことはありえない理由」を説明させてください。

釈迦が実在した人間だとすれば、その認識は日常生活の経験世界に限られていたはずです。自然界には階層ごとに法則があり、日常世界の法則は、より基本的なミクロの世界の法則から導き出されます。しかし、その逆に、マクロな日常生活の世界の法則からは、量子力学のようなミクロの世界の法則を導くことはできません。
　なぜなら、ミクロな世界が、量子力学とはまったく別の法則に支配されていたという可能性もあるからです。ミクロな法則が量子力学とは異なっていて、しかし、マクロの法則は私たちの日常の経験と合致しているという世界も、理論的にはありえます。ですから、どんなに感覚の鋭い人がマクロの世界を観察しても、たとえそれが釈迦であったとしても、純粋な思考だけでは量子力学を導き出すことは原理的にできないことになります。
佐々木　そうですよね。私が以前から科学者の方々との対話に積極的に取り組んできたのは、そういう仏教と科学の無意味な関連づけをやめてもらいたいからなんです。
大栗　むしろ、佐々木先生が考える仏教の本質は、科学による担保など得なくても信じられるものだというところが重要なのだろうと思います。
佐々木　そのとおりです。それぞれ別の世界のものとして成り立つことを知ってもらいたい。科学の裏づけがないと成立しない宗教では困りますからね（笑）。
大栗　そこで気になるのは、科学と宗教の両立の問題です。佐々木先生のような立場であれば両立することは十分にありうると思いますが、科学者の中には原理主義的な宗教者もいます。彼らが両者の矛盾をどのように解消しているのかが、私にはよく分からないんです。
佐々木　知り合いが、進化論の研究をしているイラン人留学生に「君は進化論とコーランのどちらを選ぶのかね」と質問したら、黙り込んでしまったという話を聞いたことがあります。おそらく、進化論の一部だけを認めることで両立しているのでしょう。宗教を厳格に信じている人には、科学は難しいでしょうね。

大栗　科学の分野にもよるとは思います。たとえばある特別な種類の化学物質を研究するのであれば、宗教の教えとは矛盾しない日常を送ることはできるでしょう。しかし、そのような分野も科学の体系の一部ですから、原理主義的な宗教者の場合には、突き詰めれば矛盾に直面することもあるのではないかと思います。

佐々木　そういう話は科学者同士でもタブーなのですか。

大栗　そこには触れないのがマナーにはなっていますね。「教義は丸ごと信じなければいけない、その一部に異議を持つと信仰そのものが成り立たなくなる」と考える人もいますから、そういう人の信仰を揺るがすようなことはしてはいけない。もちろん自分からフランクに話す人もいますが、私のほうからは話題を振らないようにしています。きわめて失礼なことと感じる人もいますから。

一神教の道徳と仏教の道徳はどこが違うか？

佐々木　家内とイランを旅したとき、いろいろな人に親切にされたんです。それで気を許して、つい宗教の話をしてしまいました。「仏教ではどんな神を信じているんだ」と聞かれて、「いや神は信じていません」と答えたら、その途端に相手の顔色がサッと変わりましたね。あれは怖かった。

大栗　米国でも、一般社会では無神論者（アセイスト）はアナキストやテロリストのようなものだと受け取られることがあるので、日本人がうっかり「神を信じていない」と発言するとギョッとされます。ですから米国では上院議員なども、アンケート調査に「無神論者」と答える人はいません。そういうときは「不可知論者（アグノスティック）」と答えたほうが無難なようです。神はいるかもしれないし、いないかもしれないという立場ですね。神は存在しないと言い切るよりも、そちらのほうが無神論者よりは受け入れられます。

佐々木　進化論のダーウィンも死ぬまでそう言っていましたね。イランではなんとかして、「釈迦は神ではない」ことの意味を説明しようとしましたが、それを聞いてもらう余地もありませんでした。神ではないと言った時点でアウト。

大栗　その段階で敵になってしまうわけですね。無神論者がギョッとされるのは、それだけで倫理観のない人間だと思われてしまうからです。一神教の社会では、神との契約に従う人にはそこで決められたモラルがあると考えられるので、行動が予測できる。神を信じない人はモラルの源泉がどこにあるか分からないので、そういう安心感が得られないのでしょう。そういう意味での道徳のようなものは、仏教にはありますか。

佐々木　仏教独自の道徳はありますが、神との契約ではないのであまり細かい内容ではありません。サンガには組織運営のための細かいルールがありますが、一般の信者に対しては常識的な行動規範を決めているだけですね。殺さない、嘘をつかない、盗まない、浮気をしない、お酒を飲まないという五つだけ。

大栗　モーゼの十戒と重なりますね（笑）。

佐々木　しかもそれは神様が与えてくれたものではなく、自分の心がけとして守りましょうという話なんです。それが煩悩を消すための第一歩になる。

大栗　だとすると、個人的な利益のために道徳を守れということになりますね。煩悩を早く消したければ、道徳を守ったほうがいい。

佐々木　そうです。だから、破っても罰はありません。そういう意味では、キリスト教の人たちが危惧を感じるのは故なしとも言えませんね（笑）。ただその一方で、「他者にも仏教を広めよ」などという神の指示はありませんから、異教徒へのむやみな暴力性がない分、穏健です。ともかく、仏教には、一神教のような契約的規範というものがないのです。

大栗　神様から与えられた道徳をキッチリ守るという態度とは違うわけですね。宗教心の強い米国人からすると、ほとんど無神論者に近い日本人の社会がこれだけ道徳的に機能しているのは、不思議に感じられるようです。

佐々木 日本人は、社会的な一般通念で道徳を守っているだけですよね。村社会だから、宗教がなくてもそれが機能するのでしょう。

大栗 仲間でいるうちは道徳的に対応しようということですね。その裏返しが排外主義ということでしょう。自分たちの仲間に属さない人たちには、道徳が当てはまらなくなるんです。

科学がどんなに進歩しても死からは逃れられない

佐々木 しかしキリスト教の場合、米国はともかくとして、ヨーロッパでは厳格な人たちが少なくなっていますよね。

大栗 非常にゆるくなっています。ヨーロッパのほうが、科学的、合理的な考え方が広まっているからだと思います。米国はそもそも宗教的な理由で移住した人たちがつくった国なので、いまでも原理主義が政治的な影響力を持っているようです。

佐々木 キリスト教やイスラム教と比べると、仏教は布教能力が低いんです。だから、広がらない。それは、いま言ったように、信仰を万人に広めるという使命がない宗教だからです。自分のための宗教だから、使命がない。大乗仏教になると使命が発生するので布教能力が強くなりますが、それでもキリスト教やイスラム教にはまったくかないません。

大栗　仏教は自分自身の苦を除くことが目的だから、布教は他人への善意で行っているのですね。それに対してイスラム教では、布教が神から与えられた使命になっているそうです。それを果たすことで、天国に行けるわけです。

佐々木　そこは仏教とほかの宗教の格段の違いですね。そしてそこに、仏教と科学の両立性の理由があるんです。仏教は自分の苦を救うための個人の世界であるのに対して、科学は万人に共通の法則性を提示するオープンな世界だから、同じ人間の中で両立しうるのだと思います。

大栗　キリスト教やイスラム教の教えは、科学の守備範囲と重なる部分があるので、原理主義的な人々とは衝突が起きることはあります。

佐々木　仏教では、何よりもまず「老・病・死」の苦しみから救われることが緊急の課題としてのしかかっているので、そのために必要な世界観は科学の世界観とは成り立ち方が逆になります。科学の世界観は正しくても、それを仏教では必要としていない。

大栗　科学の進歩によって病気の治療法が開発され、寿命が延びることはありますし、また、生活の質が改善することもあります。しかし、死からは逃れることはできない。これは科学では解決できない問題です。

佐々木　そうなんですよ。死の苦しみはどうにもならないものです。そこには、貧困や人間関係の不和といった日常の生活苦とは比較にならない深刻さがあります。生活苦には希望があるんです。一発逆転の希望が。

大栗　生活苦は、病気と同じように原理的には解決できます。でも、死はどうやっても解決できない。

佐々木　死だけは絶対的に希望がないんです。避けることはできません。

死後の世界は存在するか

大栗　私は、死後の世界の存在は、ほぼ否定されていると考えています。意識が生まれるメカニズムはまだ解明されていませんが、自然法則に支配された脳の働きによることは間違いないでしょう。そして、すでに確立されている自然法則を認めれば、脳内に蓄えられた情報が、死後にも保存される理由がないことは明らかです。佐々木先生はどう思われますか。

佐々木　先にも申しましたように、私は輪廻という現象は信じてはいません。この世には天・人・畜生・餓鬼・地獄という五種類の、あるいはそこに阿修羅も加えた六種類の生物界があって、あらゆる生き物はその世界で生まれ変わり死に変わりを永遠にくり返す、というのが輪廻思想です。それを信じるということは、たとえば「地面をどんどん掘っていけばやがて地下深くにある地獄に行き当たる」ということを事実として認めるということです。そのような世界観を現代において信奉することは不可能です。

大栗　では輪廻という特定の世界観ではなく、もっと広い意味で、死んだあとも何らかの形で自分という存在が継続していくと信じていらっしゃいますか。

佐々木　信じません。なぜなら釈迦の教えによれば、私たちの存在はたんなる構成要素のゆるやかな集合体にすぎず、それが生まれ変わり死に変わりに際して離合集散していくのが輪廻だからです。そこには「自己」という不変の実在はありません。これを仏教では「諸法無我」と言います。もしも業のエネルギーがなければ、死によって発散した「私」は二度と再構成されないはずなのですが、そこに業が作用して、再び別の形で「私」を形成してしまうので、輪廻がくり返されると言うのです。この、「私たちは構成要素の集合体にすぎない」という考えは、釈迦独自の視点であり、私はそれを信じます。

そうしますと、いま言いましたように、私は業や輪廻という現象を信じませんから、結果として、私という存在は、「再構成の可能性を持たない、構成要素のゆるやかな集合体だ」ということになります。それはつまり、私に死後の世界はない、ということを意味します。

大栗　これは、さきほど私が申し上げた、「脳内に蓄えられた情報が、死後にも保存される理由がない」ということに通じますね。ただし、科学では原理的にでも観測できないことについては語ることができません。死後の世界がないとすると、それを観測する主体もないわけですから、その有無を純粋に科学の問題として語るのは難しいと思います。

仏教は「生きることには意味がある」と言わない

佐々木　ここで申し上げておかねばならないのは、私自身が死後の世界を信じていないからといって、「死後の世界はある」と主張する人たちの立場を否定するつもりはまったくないということです。大栗先生もおっしゃったように、「死後の世界があるかないか」という問題自体が、科学とは関わりのない宗教世界での問いですから、それに対する答えは科学的事実である必要がありません。死後の世界があると信じている人にとっては死後の世界はあるであろうし、ないと信じている人にはない、そういった視点で答えるべき問題だと思っています。

ですから私自身は「自分の死後はない」と確信していますが、その確信が、他者にまで適用されるべきものとは思っていません。私が宗教の世界に身を置きながらも、こういったフレキシブルな、あるいは今風に言えば「ゆるい」世界観で自己を支えていけるのも、仏教ならではのあり方だと思っています。

大栗　一神教では、神様が人間に生きる目的を与えてくれます。「神から役割が与えられているから、生きることには意味がある」と考えることができるのです。仏教は、人間には本来、生きる意味が与えられていると言いますか？

佐々木　言いません。

大栗　そこも大きな違いではないでしょうか。キリスト教は生きる意味を与えることで人間を救っているのだと思いますが、仏教にはそれがない。

佐々木　そうです。ですから、「生きることには意味がある」と言ってくれる宗教が大いに力を持ったときには、仏教はそれに太刀打ちできません。しかしみんなが「生きることには意味がない」と思い始めた時代には、逆にキリスト教やイスラム教に利用価値がなくなってしまう。それに対して仏教は、本来的に意味を持たない自分の人生を、自力で意味づけしていこうという宗教ですから、有効性が高まるのです。

苦しみを抱えた人がやってくるのを待つだけの消極的な宗教

大栗　仏教は、意味がない人生をどうすればよく生きられると教えるのでしょう。

佐々木　仏教の修行で生きることに、もっとも意味があると教えます。なぜなら、修行を積めば最終的に二度と生まれてこなくなるからです。

大栗　でも、それは輪廻を前提とした、古代の考え方ですね。輪廻を前提としない現代における仏教では、何を目指したらよいのでしょうか。

佐々木　それは、日々の修行による向上の実感と、その喜びですね。

大栗　それは個人的なものですか。

佐々木　そうです。釈迦は、「みんな同じようにこういう意味を持って生きろ」といったことは一切言いません。教えの内容は、日々の生活の具体的な方法を語る生活マニュアルなんです。そのマニュアルを実践することによって、自分が向上することを確信する。

大栗　向上とは、悪い状態から良い状態へ向かうことだと思いますが、その良い悪いの基準はどのように決まるのでしょう。

佐々木　自分の心から煩悩が消えるのが、向上ですね。ただしそのシステムは個々の人が自分の内側に持っているものですから、煩悩が消えていく道筋は人によって違います。

大栗　なるほど。煩悩を消すことが目的であり、そのための努力をすることに意味があるわけですね。こう言っては失礼かもしれないけれど、消極的な印象を受けます。積極的に人生の意味を与えるのではなく、人生から苦しみを取り除くことを目的にしているわけなので。

佐々木　まったくそのとおりです。仏教はきわめて消極的な宗教なんですよ。いわば、病院のようなものです。世間に出ていって何かをアピールするのではなく、心に苦しみを持つ人々を待っているだけ。苦しんでいない人には何も働きかけないのが仏教の原則です。

大栗　世の中には「自分の人生には何の意味があるのだろう」「何を目的に生きればいいのだろう」ということで悩む人もいますが、そういう人への答えは与えない？

佐々木　その悩みが、俗世での幸福を念頭に置いたものであるかぎりは、何の答えも与えません。そういう生き甲斐は、俗世で暮らしながら自分で見つけていくものだと考えます。生き甲斐がなくなってしまい、もう絶望するしかないという人に「生きる道を見失ったのなら、どうぞ仏教に来てください」と、その段階で声を掛けるわけです。だから仏教は布教能力が弱いんですね。

それはそれでいいんです。ちなみに釈迦は、悟りを開いたときに、その喜びを内に秘めたまま、静かに一生を過ごそうと思ったらしいですよ。ところがそこに神様がやってきて、「苦しんでいる人に教えを説いてください」と懇願したもので、シブシブ始めたのが仏教です（笑）。

大栗　始まりからして消極的だったわけですね。

佐々木　その意味では、ひじょうに異質な宗教だと思います。でも、だからこそ存在意義がある。病院も、健康な人にとって何の役にも立たないわけではないですよね。そこに病院があること自体に価値がある。「いまは健康だけど病気になったらあそこに行けばいい」という安心感が得られます。

釈迦が残した「煩悩を消すマニュアル」への信頼

大栗　佐々木先生ご自身は、煩悩を消すために具体的にどんなトレーニングをされているのでしょうか。

佐々木　私は禅僧ではないので、雲水さんのような修行はいたしません。仏教のことを、根をつめて考え続ける時間がトレーニングだと思っています。

大栗　仏教の研究もトレーニングの一環ということですね。

佐々木　私はそう思っています。タイやスリランカで修行しているお坊さんの話を聞くと、客観的に自分の精神作用を見る訓練をすると言います。「いま私はこれを聞いている」「いま私はちょっと良からぬことを考えた」などと常に自分を客観的に見る訓練を重ねると、だんだん時間の流れがゆっくりに思えてきて、起こしてはいけない精神作用が起こらなくなってくると。

大栗　佐々木先生も、ご自分の煩悩が消えていくことを実感されることがありますか。

佐々木　どうでしょうか。何もやらないよりは、何らかのトレーニングをやったことで心の中に向上があったという気はします。心を平穏に保つパワーや、先入観から離れるパワーがついてくる。仏教でなければ、こうはならないんじゃないかと思います。

大栗　なぜ、仏教だとそうなると思えるのでしょう。

佐々木　それは、釈迦がそうせよと教えたからです。だから、できると思っている。

大栗　釈迦の言葉で保証されているということですね。

佐々木　そうです。仏教が宗教である唯一のポイントは、そこなんですよ。釈迦が言ったことをやれば自分が変わることができると信じること。これは説明ができません。

大栗　それは受け入れるしかないということですね。

佐々木　はい。仏教では、憎しみや怒りなどの煩悩が極端な心の意思作用を生み出し、それが輪廻の原動力である業を生み出すと考えます。私たちの世界観では業と輪廻は信じられませんが、煩悩に関しては実感として存在すると私は思えるんですね。そして釈迦は、煩悩を消すことについての精密なマニュアルを残している。それが私自身の役に立つと思っています。

大栗　輪廻はなくても、煩悩がすべて消えれば悟りと言えるわけですか。

佐々木　そうですね。ただし、すべて煩悩が消えたかどうかは本人が自覚するしかない。誰かに認定してもらうようなことではありません。

大栗　そういう点でも、本当に個人的な宗教ですね。煩悩とは、心が動揺している状態のことなのでしょうか。

佐々木　そういう言い方もできますが、正確に言えば、最終的に自分の中に苦しみを生み出す作用のことです。たとえば偏見、先入観、間違った価値観などは煩悩の典型ですね。それは現実と思いのあいだにギャップを生み出すので、苦しみにつながります。

「思っていたのと違う」という思いは苦しみを生みますよね。最初から世の中がちゃんと見えていれば、思いと現実とは違わないはずなので、その苦しみは生まれません。「一切皆苦」「諸行無常」といった言葉も、世の中は思ったとおりにはならず、必ず思いと現実のあいだにギャップが生じ、それが苦を生むということを表現したものです。

「苦」を取り除くために世界を正しく見ることが必要

佐々木　ここで誤解してはいけないのは、どんな精神作用であれ、苦しみを生み出さないものは消す必要がないということです。人はいろいろな思いを心の中に持ちますが、それらがすべて苦に結びついているわけではない。たとえば「欲求」という作用にしても、「釈迦の教えに沿って、自分を向上させたい」という欲求は、苦しみの原因にはなりません。

大栗　苦になったときに初めて欲求が煩悩になるんですね。たしかに、欲求は、私たちの活動を動機づけるもので、その活動が良い方向に向かうこともあれば、悪い方向に向かうこともある。欲求自体が悪いとは言えません。

佐々木　そうです。さまざまな心の働きも、それがその人の苦しみにならなければ、何も問題はありません。仏教は、あくまでも苦を取り除くための宗教と見るべきです。

大栗　世界を正しく見ようとするのも、その苦しみの根源を理解するためですね。

佐々木　そうです。そして、仏教が考える正しくない見方とは、自分を中心に世界を見ることにほかなりません。世界は機械論的に粛々と動いているので、「我」を中心にして、すべてが自分にとって都合よく動いていると思い込むと、そこに必ずギャップが生じます。だから、苦が生まれる。

そして、こういった自分中心の見方の中でもとくに強力なのは、自分がいつまでも生きているという思い込みですね。私たちはつい、今日も明日も明後日も同じように生き続けていくと思ってしまいますが、これを現実によって否定されるとき、大きな苦悩を背負うことになります。それが「死」の苦しみにほかなりません。こういう仏教的な物事の見方は、科学が自然界を客観的に見ることと同じではありませんが、「正しく見る」という方向性は同じだと思います。

自然の科学的理解とは神の設計図を理解することだった

大栗　近代科学はユダヤ教やキリスト教の影響を受けている学問で、一神教の考え方が反映されている面があると思います。たとえば自然界を支配する基本法則があるはずだと考えるとき、それは神様を抽象化したようなイメージがあります。
佐々木　近代科学が始まった当時の科学者はみんなそういう思いだったでしょうね。
大栗　中世のヨーロッパ社会では、科学の研究はキリスト教に反する考え方を広めるということで、最初の頃は科学的な研究は奨励されていませんでした。しかし、スコラ学派、とくに十三世紀のトマス・アクィナスの時代になると、自然界を理解するのは神様からの正しいメッセージを得ることにつながるという考え方が出てきました。そこで初めて自然の科学的な理解が許されるようになったんです。

佐々木　ガリレオもニュートンも、心の中には神様がいましたからね。

大栗　神様の描いた設計図をより深く理解したいがために、科学の研究をした。

佐々木　それが現在では、大栗先生のお話にもあったように、超一流の物理学者が「宇宙のことが分かるにつれて、そこには意味がないように思えてくる」と語るようになっています。しかし仏教には、最初からそういうものがまったく含まれないんですよ。

「人生の意味」はどこにある?

科学的なリテラシーはなぜ重要なのか

大栗　仏教は個人の救済のために、科学は自然界の真理を知るために、それぞれ世界を正しく見ようとします。その一方で、すでに確立した自然界の法則に反する超常現象のようなものを信じる人々もいますよね。それ自体は本人の害にならないし、むしろそれで幸福感が得られるのなら否定する必要もないと考える人もいます。

しかし、非科学的な考え方や行動が社会に害を及ぼすケースもあります。たとえば米国では、子供に予防接種を受けさせない保護者がいることが問題になっているんです。

佐々木　なぜ受けさせないんですか。

大栗　十数年前に、予防接種によって自閉症のリスクが高まるという論文がひとつだけ出たんですね。しかし、この論文にはデータの捏造《ねつぞう》があることが明らかになり、掲載した雑誌は論文を取り下げました。さらに、自閉症のリスクがあるという主張自体も、追試で再現されず、否定されています。しかし、いまだにそれを根拠にして拒否する人たちがいるんです。でも、予防接種はその子供だけの問題ではありません。それを受けない子供がある程度の数になると、疫病となって流行してしまいます。

佐々木　なるほど。それとは比較にならないレベルかもしれませんが、たとえば血液型性格判断なども、社会に害を及ぼしますよね。科学的根拠なしに性格を決めつけるのは、差別の温床になりますから。

大栗　日本のような民主主義国家では、国民の科学的なリテラシーはとくに重要です。いまの社会は、たとえば地球規模の気候変動の問題のように、意思決定をする上で科学的な判断が求められることが少なくありません。科学的なリテラシーのある国民が育っていない国は、国全体が間違った判断をする恐れがあると言えるでしょう。ですから、それ自体は罪のない超常現象であっても、非科学的なものを信じる人がたくさんいる社会には問題があると思うのです。

佐々木　本当にそうですね。間接的ではありますけれど、仏教は科学的に物事を見ることを促すための一助にはなると思っています。世界は自分を中心に動いていないということをアピールする力はありますから。何より、宗教がそれを言うことに価値があるのではないでしょうか。一般的に、宗教は非科学的な世界観の代名詞のように思われているところがあります。でも、宗教が必ずしも科学と相反するわけではありません。

ただ、仏教は社会的な力の弱い宗教であって、そこに価値があるとも言えます。いまは「社会的な活動をしなければ仏教の価値がない」と主張する「エンゲージド・ブッディズム」の動きも盛んですが、それをやると仏教本来の形を失って害のある宗教になる可能性が高い。たとえばタイの僧団なんか、禁煙運動を一生懸命にやっています。それが、「喫煙者は輪廻してタバコに生まれ変わる」とか「尻に火をつけられて焼かれるぞ」などとムチャクチャなことを平気で言うんですね。信者はそれを聞いて本当にタバコをやめたりするんですが、社会にエンゲージした結果、かえって不合理な考え方を撒き散らしているとしか思えません。

「物質的豊かさでは幸福になれない」は釈迦的な世界観？

大栗　いまの日本社会は、経済成長を是とすることへの懐疑的な見方も出てきていると聞きます。物質的な豊かさよりも心の豊かさを重視する人が増えてきた。しかしこれは、第二次大戦直後の貧しい時代と比べて、生活苦を抱える人が減ったからだろうと思います。

佐々木　私もそう思いますね。

大栗　釈迦も王族の生まれですから、生活には困っていなかったわけですよね。だからこそ、経済的な苦ではなく老・病・死に目が向いた。

佐々木　そうです。だから、生活に困っている人は、仏教徒から見れば比較的幸せなんですよ。一発逆転の希望を持ちながら暮らしているわけですから。でもさきほども述べましたように、死の苦しみには希望がない。その前では、どんなに満たされた生活も意味がなくなって色褪せてしまう。

大栗　その意味では、「物質的な豊かさでは幸福になれない」という世界観は、お釈迦様の考え方に近づいているということでしょうか。

佐々木　お釈迦様的な人が増えているのかもしれませんね。

大栗　しかし、そのような世界観は、最低限の生活が保障される環境が前提になっているので、もう経済的繁栄が不要ということにはなりません。日本でも米国でもヨーロッパでも、貧富の格差が開いて問題になっていますが、経済が衰退すれば深刻な生活苦に陥る人がさらに増える恐れがあります。

経済成長も科学の進歩も根本はすべてエネルギー問題

大栗　私は経済成長のカギは、根本的にはすべてエネルギー問題に帰着すると考えています。人間の社会活動の基本は、ものをつくり、情報を蓄え伝達することで秩序を生み出していくことです。商品であれ、美術や音楽であれ、建築物であれ、人間は自然界にないものを次々とつくってきました。これは一見すると、熱力学の第二法則と真っ向から矛盾しています。

佐々木　エントロピー増大の法則ですね。

大栗　はい。これは簡単に言うと「覆水盆に返らず」という法則です。ガラスのコップを床に落とすとバラバラに砕けますが、バラバラの破片が元に戻ってコップになることはありません。コップという秩序のある状態はエントロピーが低く、バラバラの状態はエントロピーが高いわけです。自然界では、放っておくとエントロピーが増大するので、秩序のあるものはいずれ壊れてしまう。まさに「諸行無常」が自然界の摂理なのです。

ところが人間は次々と自然界に新たな秩序を生み出しています。そもそも単細胞だった生物が多細胞の複雑な構造を持つようになったこと自体が、エントロピー増大の法則に反しているように見えます。それが可能になったのは、お天道様のおかげです。太陽から届くエネルギーがなければ、こんなことはできません。地球は太陽のエネルギーを受けて、最終的にはそれを宇宙に拡散することでエントロピーを増大させているので、少しぐらい人間がエントロピーを減らしてもつじつまが合う。それによって地球上にこの文明が生まれたわけですから、文明をいかに持続・発展させるかは基本的にエネルギー問題なのです。

たとえば産業革命は、人間の生活を大きく改善しました。そのきっかけとなった蒸気機関の動力源である石炭は、もともとは大昔に植物が受けた太陽のエネルギーを閉じ込めたものです。エネルギーが石炭に閉じ込められているあいだは、宇宙にエントロピーが出ていきません。それを人間が掘り起こして燃やすことで、宇宙全体のエントロピーが増大しているわけです。その増大するエントロピーの一部を食うことで、文明社会が成立している。それを維持するには、エントロピーを食うためのエネルギーが必要なんですね。だからこそ、近代の戦争の多くは石油などエネルギー資源をめぐる争いになります。

佐々木　科学技術の進歩も、その最大のテーマはエネルギーをどこから取り出すかということですよね。

大栗　究極的にはそうです。ほかの科学技術は枝葉の問題であって、根幹にあるのはエネルギー問題です。もっとも正攻法の解決策は、太陽から来たエネルギーを有効に使うことでしょう。植物は、何十億年もかけて進化する中で、光合成という効率的な方法を身につけました。

佐々木　その植物のエネルギーを濃縮した化石燃料を取り出して燃やすというのは、ひどく効率が悪いですね。

大栗　何億年もかけて地球に降り注いできたエネルギーを消費しているわけですからね。ともかく熱力学の第二法則は自然界の基本法則なので、それと真っ向から対立する人間の文明を維持するには、太陽のエネルギーを効率的にとらえて利用する必要があります。それができなければ、いずれ中世や近世あたりの経済規模に戻らざるをえないでしょう。たとえば江戸時代の日本のような。

佐々木　それでみんなが満足するなら何の問題もありませんが、そうはいきませんよね。

科学も仏教も生きる意味を与えない。ならどうする?

大栗　人生の意味は何か、幸福とは何かという問いに対し、普遍的な答えはないのでしょう。しかし、私は人類のつくった文明は尊いものだと思っています。もちろん、およそ五十億年後に太陽は終わりを迎えて巨大化し、地球はそれに飲み込まれてしまうので、この文明が永遠に続くことはありえません。宇宙の長い歴史の中で、人類の存在はほんの一瞬の出来事でしょう。しかし、太陽のエネルギーをそのまま宇宙空間に放出するのではなく、たとえ短い時間であっても、それを集めてそれまでの自然界にはない何かをつくり上げたことには意味があると思うのです。ですから、私たちの文明を維持し発展させることに貢献することには価値があり、それ自体がひとつの幸福と言えるのではないかと。

いずれにしろ、宇宙そのものに意味がないとすれば、生きる目的は最初から与えられているわけではありません。目的や幸福感は自分で見つけるしかないでしょう。あるいは、目的のない人生に耐えていくということですね。

佐々木　私は耐えて生きるのはしんどいから、自分で目的をつくる人生がいちばん幸福だと思います。

大栗　仏教はほかの宗教と違って生きる意味を与えないので、その目的は万人に共通の普遍的な意味を持つものではないですね。

佐々木　私はむしろそれが仏教の良いところだと思っているんです。普遍的な幸福とは、誰もが当たり前に考えるふつうの幸福ですよね。それよりも、自分だけの幸福のあり方を自分で見つけていくことのほうが大事ではないでしょうか。

私自身は、やはり釈迦の人生がひとつの目標であり、お手本です。釈迦は、自分自身でいかに生きるかを決めて、いちばん好きな道を選んで邁進していたら、いつの間にか仏教という新しい世界的な文化を生み出していました。利得や名声のためにやったわけではありません。自分の好きなことをやった結果、それが人類にとって意味のあるものだと気づいた。こんなに素敵な人生はないと思うんですね。

生きる意味を自ら見つけることの喜びと困難

大栗　私の場合は、この世界をより深くより正しく知りたいというのが、素粒子物理学を研究分野に選んだときの目的でした。その研究を通じて新しい発見をした瞬間には、美しい絵画や音楽を鑑賞したり、おいしいものを食べたりするときとは、質的に違う喜びがあるように思います。自らの力でこれまで人類が知らなかった何かを見出したということに、深い価値があるように感じられるのです。もちろん宇宙そのものに意味はないので、その研究を通じて得られるものにも究極的な意味はないのかもしれません。でも、その喜びの深さは、私にとっての幸福と呼んでいいように思います。

自らの力で何かを成し遂げる喜びというのは、科学の研究に限ったことではありません。たとえば、美しい音楽を聴くことは楽しいですが、楽器を演奏したり、さらには作曲をしたりするほうが喜びが深いでしょう。与えられたものを享受するだけでなく、自分の力で世界に働きかけ、何かを見出したりつくり上げたりすることには、価値があると思います。

しかし、生きる意味を自分の力で見つけていくというのは、困難な道でもありますね。

佐々木　宗教の本質は、本源的な苦しみを軽減してくれるような世界観を提供するところにあります。「死ぬのはいやだ」という、人の本能的苦悩に対処するため、「肉体は死んでも魂は死なない。その死なない魂には永遠の安楽が約束されている」と説くキリスト教やイスラム教が大いに安心のもととなったことは当然です。これらの宗教が説く世界観を疑いようのない事実として受け入れることのできる人にとっては、それはこの世で最高の救済となります。「死んだあとに最高の幸福が待っている」と言うのですから、これ以上の喜びはありません。もし私が、これらの宗教が登場した時代に生まれていたなら、一も二もなく、その世界に身を委ねたでしょう。

しかし問題は、現在の科学的世界観の世の中で生きる私たちは、そういった自分の死後にとって都合よく組み上げられた死生観の実在性を信じることができないという点にあります。そしてそういった絶対者、救済者の存在を信じられない人にこそ、釈迦の仏教が説く「誰も生きる意味を与えてくれない世の中で、絶望せずに生きるためには、自分の力で生きる意味を見つけていかねばならない」という教えが意味を持ってきます。

ですから、「自分の力で生きる意味を見つけていくなんていう困難な道は、とても進めない。私はまわりの誰かが説き示してくれる救済の道を信じて、それについていくしかない」と考える人にとっては、釈迦の仏教は影響力を持ちません。実際、そう考えて、釈迦の仏教からの脱却を図ったのが大乗仏教です。そう考える人たちに対して「あなたは間違っている。真実は我々の教えにあるのだから、私たちのほうに鞍替えしなさい」と説得する力を、釈迦の仏教は持ちません。釈迦は「分かる人にしか分かってもらえない教えだから、分かる人のためにだけ説き広めよう」と考えて仏教を創始したのですから。

「正しくなくてもおもしろければいい」の風潮にどう抗するか

大栗　最近は、「正しくなくても、おもしろくて分かりやすかったらいい」と考える風潮がありますが、それについてはどう思われますか。

佐々木　そういった点についても、釈迦の仏教には、そういう人を無理に矯正して転向させようという意思がありません。「たとえそれが自分の意に沿わないことであっても、世の中を正しく見ることが苦しみを消す唯一の道だ」と確信した人にしか、仏教は意味を持たないからです。ですから、そのまま放っておくしかないのです。

ただし、ここが大切なのですが、そういった他者への絶対的信仰をよりどころにする生き方や、あるいは正しさよりもおもしろさを重視する生き方は、物事の正しさ、つまり現実の本当のあり方に特定のフィルターをかけて、現実とは食い違った視点で物事を見ながら生きるということになります。ここで言う現実の本当のあり方とは、さきほど大栗先生がおっしゃったような、長い時間をかけて人類が到達した、意識の機能を最大限に発揮して得られる世界観、すなわち科学的世界観に基づくこの世のあり方であって、それは釈迦が想定した世界と一致します。

その世界観を採用せず、特定のフィルターで偏向させた視点に基づいて下した判断は、現実のあり方とフィットしない、誤った判断になる可能性が高くなります。特定のカリスマに無条件で追随した教団の人たちが、最終的には苦悩の海に放り込まれたり、おもしろさ、分かりやすさだけを基準にして取った行動により、先行きの災難を招くことが確率として高くなったりするということです。

大栗　最近、欧米ほか各国の政治の世界で見られるポピュリズムの蔓延《まんえん》も、そのような風潮を反映しているように思います。

佐々木　より良い判断を下し、より良い状態を実現するための必須の条件は「正しく物事を理解する」という姿勢であり、それが科学と、そして釈迦の仏教の共通項なのですから、その点については広く告げ知らせていく必要があるでしょう。「私たちの仲間になりなさい」と言う必要はありませんが、「私たちの視点はきわめて普遍的、客観的であり、行動の判断を下す際のもっとも信頼できる基盤になります」という主張を語り続けることに大きな意味があると思います。

「深く正しく理解する」ことが真の幸せにつながる

大栗　「物事を深く正しく理解する」大切さについて、私の考えも述べたいと思います。

基礎に立ち戻って考えるのが物理学者のやり方なので、まずは、物事を理解する主体である意識とは何であるかについて、もう一度考えてみましょう。

さきほど、意識のメカニズムはまだ解明されていないと申し上げましたが、人類にいたる生物の進化の中で、意識が生まれた理由については、次のような説があります。

私たちは五感で得た情報から世界を理解するために、脳の中に「世界モデル」を持っています。たとえば、頭を右に振ると目に入る景色は左に振れますが、私たちは世界が回っていると は感じない。これは脳の中に世界モデルがあって、回転しているのは頭のほうだと理解しているからです。また、佐々木先生に背を向けても、後ろに先生がいらっしゃると感じますが、これも世界モデルがそう告げているからです。このような世界モデルは、適者生存の進化の過程や、後天的な学習によって、脳が世界を効率的に理解するためにつくられたもので、あくまで現実の近似です。錯覚のように誤った理解が起きるのはそのためです。

意識というものも、実は、この世界モデルの一部なのだと思います。五感からは常に雑多な情報が入ってきているので、脳は、それらの情報から特定のものを選び、世界モデルに当てはめ、場合によっては世界モデルを更新して、次の行動を決定する必要があります。このような情報処理は、千億もの神経細胞によって行われていますが、これを行う統一的な主体、すなわち意識を想定したほうが、情報処理が効率的に行われる。そこで脳は、意識という主体を想定し、それが世界を観察し判断しているという世界モデルをつくった。これが意識の本性なのだと、思います。

佐々木　先生がおっしゃるように、私たちの意識は、そういった世界モデルの一部であるということを理解した上で、そんな私たちが真の幸福を求めるなら、それはどこに見出されるとお考えでしょうか。

大栗　私は、どんなものでも、その機能が発揮できるときが幸せなのだと思います。たとえば、我が家ではテリアを飼っていますが、これは本来猟犬なので、室内でおとなしくしているより、野原でリスや小鳥を追っているときのほうが生き生きとしています。親が、子供の能力を伸ばしてやりたいと思うのも同じことでしょう。また、生物でなくても、たとえば職人がつくった精巧な道具が、使われることなく打ち捨てられていたらかわいそうだと思うでしょう。

デカルトが「われ思う、ゆえにわれあり」と言ったように、生きている、存在していると感じるということは、すなわち意識があるということです。意識が、情報処理の主体として脳が想定したモデルだとすると、その機能は、五感からの情報を分析して、世界をよりよく理解することです。よりよく見てよりよく考えることが、意識の機能を発揮することであり、それこそが人間にとっての幸福であると思います。

私は、自然界の基本法則に興味があったので、それをより深く理解することに努力してきました。しかし、世界をよりよく見るというのは、このような方向のことだけではありません。たとえば、家族や友人の気持ちが分かるというのは、彼らの行動をよく見て、彼らの心のモデルをつくるということです。親しい相手の気持ちが分かると嬉しいというのは、意識の機能を発揮していることになるからです。絵画や音楽などの芸術も、新しい世界モデルを提案する試みだと思います。

より深く、より正しく物事を理解しようとすることが、意識の本来の機能です。より深く物事を理解するほうが、より深い幸せにつながると思うのはそのためです。

人生の意味や普遍的な幸福を宗教に求めるのではなく、自ら意味や幸福のあり方を見つけていくべきだとのお話は、現代に生きる私たちにも納得できる考え方だと思います。佐々木先生のお話を聞き、対談をさせていただいて、仏教への理解が深まりました。ありがとうございました。

佐々木　こちらこそありがとうございました。

せっかくこのような機会を持てましたので、大栗先生の最近の研究についても、ぜひお聞きしておきたいと思います。また、仏教を学問的に研究するとはどのようなことであるかについても、大栗先生に知っていただきたい。ですので、このあと、二人がそれぞれの、より専門的な研究についてお話しする、特別講義を設けることにしましょう。

特別講義1

「万物の理論」に挑む

――大栗博司

万物を説明する「究極の理論」とは?

ここまでは、物理学と仏教の基本的な考え方や問題点について、佐々木先生とお話ししてきました。科学と仏教は立場や目的が異なりますが、この世界を理解したいという欲求は同じであることがよく分かりました。その世界観の根底に、どちらにも因果律があるのも、たいへん興味深い点だと思います。

この特別講義では、私と佐々木先生がそれぞれ研究者としての専門領域についてお話しすることにしましょう。まずは私のほうから、超弦理論を中心に「究極の理論」を目指す物理学の最前線をご紹介します。

第一部で述べたとおり、ホーキングは「ブラックホールの情報問題」を通して、量子力学とアインシュタインの重力理論のあいだに論理的な矛盾があり、それによって因果律の破れというパラドックスが生じることを指摘しました。重力理論はマクロの世界、量子力学はミクロの世界をそれぞれうまく説明していますが、どちらも同じ自然界の法則である以上、この二つを組み合わせたときに数学的に矛盾が起きてはいけません。

重力理論と量子力学の矛盾が露呈する状況は、ブラックホールだけではありません。宇宙の始まりも、そういう極限状況のひとつです。ミクロの世界でありながら強い重力に支配されているため、量子力学だけでも重力理論だけでもうまく説明することができません。より根源的な現象を説明するには、その二つを乗り越え、ミクロとマクロの世界を統合するような新しい枠組みが必要です。

これまでも、物理学は理論の「統合」によって自然界への理解を深めてきました。たとえばニュートンの万有引力の法則は、惑星の動きなどを支配する「天上」の法則と、木からリンゴが落ちるような「地上」の法則が同じであることを明らかにしたものです。それまで別々であると考えられていた天上と地上の法則を統合したことに、ニュートンの発見の意義がありました。

アインシュタインの特殊相対性理論も、ニュートンの力学とジェームズ・クラーク・マクスウェルの電磁気学を統合したものです。電磁気学では光（電磁波）の速さが常に一定であり、速度の合成則が成り立つニュートン力学とのあいだに矛盾がありました。私たちが現在目指している重力理論と量子力学の統合も、この流れの延長上にあります。

しかし、重力理論と量子力学の統合には、これまでの物理学の発展と質的に異なる部分もあります。この二つの理論を統合した先には、この世の万物を説明する「究極の理論」があることが期待されているからです。まず、それをご説明しましょう。

マトリョーシカの「最後の人形」は現れるか？

第一部で、マトリョーシカのような自然界の階層構造についてお話ししました。物質は分子の集まりですが、それが「根源」ではありません。分子は原子、原子は原子核と電子、原子核は陽子と中性子、陽子と中性子はクォークという素粒子からできています。そのクォークも、より根源的な何かからできているのかもしれません。

では、この「自然界のマトリョーシカ」はどこまで続くのか。階層構造が無限に続くのであれば、それを説明する理論も無限に深めていかなければなりません。逆に、どこかで「最後の人形」が現れるのなら、その最深部を説明するのが「究極の理論」となるでしょう。それが物理学にとってひとつのゴールになるのですから、階層構造に終わりがあるのかどうかはきわめて重大な問題です。

結論から言えば、それには終わりが「ある」と考えられます。したがって、万物を説明する究極の理論もある。なぜそう期待されているのかをお話ししましょう。

科学の世界では、より深い階層にある物質を観測するために、「顕微鏡」の分解能をどんどん向上させてきました。およそ四百年前に発明された光学顕微鏡は、一〇〇〇万分の一メートルの大きさまでしか見えません。それが、可視光の波長で見ることのできる限界です。もっと小さいものを見るためには、それにぶつかることのできる短い波長のものを使わなければいけません。波長を短くするには、エネルギーを上げることが必要です。

そこで発明されたのが、電子顕微鏡でした。量子力学によれば、あらゆる粒子は「粒」と「波」の性質を兼ね備えています。電子も波のように振る舞いますから、そこには波長がある。その波長は、電子にエネルギーを与えて加速すればするほど短くなり、より小さなものが見えるようになるのです。この技術によって、電子顕微鏡は一〇〇億分の一メートルの世界を見られるようになりました。

それと同じ原理を使ってさらにミクロの世界を見ようとする装置が、素粒子実験に使われる粒子加速器です。高エネルギーで加速した粒子を衝突させることで、極微の世界を観測する仕組みになっており、たとえば第二次世界大戦中に日本の理化学研究所がつくったサイクロトロン（円形加速器）は、一〇〇兆分の一メートルまで見ることができました。ちなみにそのサイクロトロンは、敗戦後に占領軍に没収され、原爆研究に使われたと誤解されて、残念ながら東京湾に沈められてしまいました。

その後、加速器はエネルギーを高めるために巨大化が進みました。現在、世界最大のエネルギーを誇る加速器は、CERN（欧州原子核研究機構）のLHC（大型ハドロン衝突型加速器）です。地下一〇〇メートルに一周二七キロメートルもの円形の装置が埋められており、その中で陽子を光速近くまで加速して反対方向から来た陽子と衝突させることで、一〇〇〇京分の一メートルの世界が観測できるようになりました。

そこから先を見ることができない世界

では、加速器をもっと巨大化してエネルギーを高めれば、どこまでも小さな世界が見えるのでしょうか。実は、話はそう単純ではありません。

アインシュタインが特殊相対性理論で示した「$E=mc^2$」は、エネルギーが質量に転換されることを意味していました。したがって、粒子同士が高エネルギーで衝突すると、そこには大きな質量が発生します。ごく小さな領域に大きな質量が集中すれば、そこに生まれるのはブラックホール。実際、CERNのLHCでもブラックホールが生じる可能性があったため、実験開始前に「地球が飲み込まれてしまう恐れがある」と差し止め訴訟を起こした人もいました。

もちろん、そのような心配はありません。万が一ブラックホールができたとしてもごく小さなものですし、すぐに消えてしまいます。周囲のものを吸い込むようなことにはなりません。

しかしエネルギーが極端に大きくなると、そこで生じるブラックホールは実験そのものに差し支えます。たとえば、LHCの一京倍のエネルギーで粒子を衝突させる加速器があったとしましょう。いまの技術では実現不可能な規模ですが、もしできたとすると、そこで加速された粒子の波長と、それによって生じるブラックホールの大きさがほぼ同じになります。したがって、観測したい領域がブラックホールに覆われて見えなくなるので、実験を行う意味がなくなってしまいます。それ以上にエネルギーを高めると、ますますブラックホールが大きくなるので、加速器実験はそこで打ち止めです。

このときの粒子の波長は、《一〇億×一〇億×一〇億×一〇億》分の一メートル。それよりも小さい世界を見ることは、技術的ではなく原理的に不可能です。「見えなくても存在はするかもしれない」と思われるでしょうが、物理学では、原理的に観測できないものは存在しないのと同じだと考えます。そこよりもさらにミクロな世界には、観測できるものは存在しないのですから、その大きさの世界で起きる現象を説明すれば、自然界の根源を説明したことになります。よりミクロな世界の仕組みを明らかにすることで、より基本的な法則を発見するという物理学の歩みがそこで止まる。そこにあるのが、「究極の理論」なのです。

量子力学と重力理論の統合は、その究極の理論になる可能性があります。そして、いまのところその最有力候補となっているのが、私の専門である超弦理論にほかなりません。

「弦」が基本単位で九次元の、超弦理論の世界

クォークをはじめとする素粒子は何からできているのか。

第一部でも述べたとおり、「素粒子の標準模型」と呼ばれる理論体系では、一七種類の素粒

子があることが明らかになりました。その中で最後に見つかったのが、二〇一二年にCERNのLHCで検出されたヒッグス粒子です。これによって標準模型の正しさが証明されたのは、実にすばらしいことでした。

しかし、できるかぎり自然界をシンプルに説明したいと考える物理学者にとって、物質世界の基本単位が一七種類もあるのは多すぎます。そこで、さまざまな素粒子にはどれも同じ「弦」という基本単位があるのではないかという仮説が登場しました。バイオリンの弦が振動の仕方によって音程や音色を変えるように、その弦の振動の仕方によってさまざまな素粒子が表現されているという考え方です。これが超弦理論です。「超」という接頭辞がついている理由は、今回はお話しできませんが、この弦理論が超対称性という性質を持つためです。

このようにして登場した超弦理論ですが、ミクロな世界を説明するためのもので、重力は念頭にありませんでした。そもそも、素粒子の標準模型では、重力の存在は無視されています。これまで加速器で行われてきた素粒子実験では、重力の影響は小さく、無視してかまわなかったのです。

このように素粒子の理論として登場した超弦理論が、思いもかけず重力とつながっているのが分かったのは、一九七四年のことでした。超弦理論の中に、重力を伝える粒子が組み込まれていることが分かったのです。重力を無視して、素粒子の理論をつくっていたつもりだったのが、重力が自動的に含まれていた。そこで、超弦理論は、量子力学と重力理論を統合する、究極の統一理論になるのではないかと思う人たちが現れたのです。

ただし、この理論にはもうひとつ難点がありました。私たちは三次元の空間で暮らしていますが、超弦理論が成り立つには空間が九次元なければいけなかったのです。これも、当初は理論の欠陥だと見なされました。それはそうでしょう。縦・横・高さという三つの次元のほかに、六つもの余剰次元が必要というのは、ひどく現実離れした話です。そんな次元が一体どこにあるのか、見当もつきません。

ところが、十年後の一九八四年に、六つの余剰次元が「存在しても私たちには見えない」メカニズムが理論的に明らかにされました。しかもそのメカニズムを使って、超弦理論から素粒子の標準模型を導き出す道筋ができたのです。この一連の発見によって、多くの物理学者が超弦理論を「本命視」するようになり、爆発的な発展が起きたので、「超弦理論革命」と呼ばれています。

実は、私が大学院に進んだのは、この「革命」が起きた一九八四年でした。そういうタイミングだったこともあって、私は超弦理論を自分の専門分野にしたのです。

六次元空間の物理量を計算する方法を開発

では、超弦理論では六つの余剰次元をどのようにして説明するのでしょう。

そこには、「カラビ－ヤウ空間」という高度に数学的な概念が使われます。この空間は六次元ですが、それ自体がきわめて小さいので、私たちには見ることができないと考えるのです。

単純な例で説明しましょう。たとえば庭に水を撒くホースの上をアリが這っていると思ってください（図表3-1）。アリにとってホースの表面は二次元なので、二つの方向に移動することができます。ホースに沿って水の入口や出口のほうへ進むこともできるし、丸いホースの周囲をぐるぐると回ることもできる。また、反対方向から来た仲間のアリとすれ違うこともできるのです。

しかし、そのホースに留まった鳥にとって、そこは二次元ではありません。移動できるのは、一方向だけ。アリと違って、反対方向から来た仲間とはすれ違うことができずにぶつかってしまいます。つまり、ホース表面の二次元平面は、アリにとっては存在するのに、小さく丸まっているため、鳥にとっては一次元と同じなのです。

六次元のカラビ－ヤウ空間も、それと同じように小さく丸まっているため、私たちには見えません。ただ、地上の実験では直接観測できませんが、高エネルギー状態だった初期宇宙の観測ができるようになれば、カラビ－ヤウ空間の様子も見えるだろうと考えられています。

図表3-1　余剰次元のイメージ

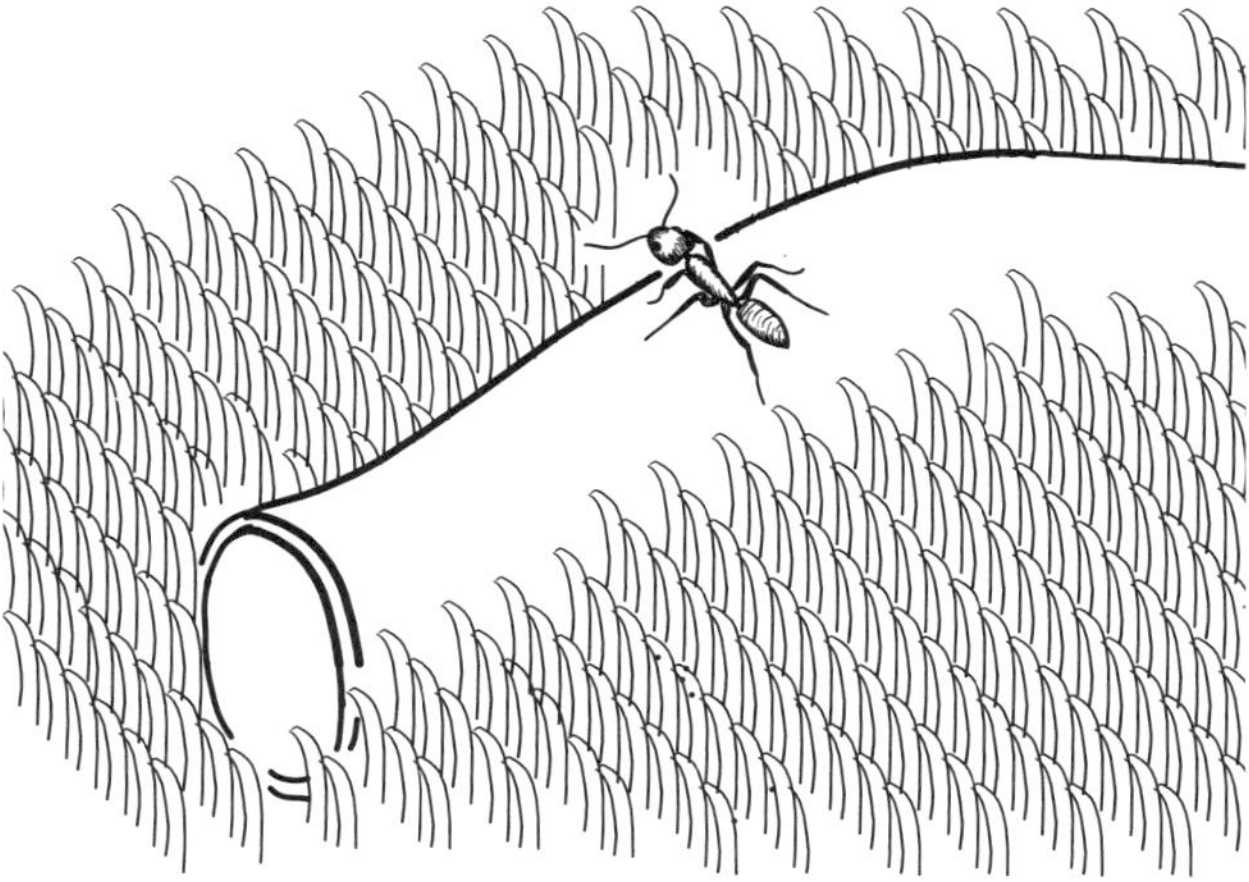

アリにとっては、ホースの表面は2次元

鳥にとっては、ホースは1次元

しかし、カラビ－ヤウ空間はあまりにも複雑な構造のため、当初はその空間の中の二点間の距離をどのように計算すればよいかすら分かりませんでした。距離を測ることもできないのでは、たとえカラビ－ヤウ空間を観測したとしても、何が見えるのか理論的に予言することができません。

この「六次元の幾何学」を解明し、素粒子現象や宇宙の始まりの理解につなげることが、私の主要な研究テーマのひとつです。一九九二年の秋から一年間ハーバード大学に滞在したときには、そこで出会った三人の研究者と共同で、この問題を部分的に解決する新しい計算方法を開発しました。「位相幾何学（トポロジー）」という現代数学の道具を使うと、カラビ－ヤウ空間の詳しい構造を知らなくても、ある種の物理量を厳密に計算できることが分かったのです。

トポロジーでは、連続的に変化させると同じ形になるものを、見た目は大きく異なっていても区別しません。よく引き合いに出される例は、取っ手のあるマグカップとドーナツです。どちらも穴がひとつあるため、連続的に変化させると同じ形になる。これを「トポロジーが同じ」と言います。

私たちはこのトポロジーの方法を使うことで、三次元空間の素粒子の性質の中に、六次元空間の距離をどのように測っても変わらない物理量があることを見つけました。したがって、距離の測定方法を知らなくても、ある量を計算することができるのです。この計算方法は「トポロジカルな弦理論」と呼ばれており、超弦理論の発展に必要な道具として広く使われるようになりました。

天才数学者ラマヌジャン最後の手紙と私の博士論文

トポロジーを使った超弦理論の研究は、私の博士論文にもなりました。次ページの図表3-2のような形で、超弦理論の質量公式を与える公式を導いたのですが、そのときは、ここに出てくる「45」「231」「770」といった数字にどういう意味があるのか分かりませんでした。博士論文を書いてから二十二年間、そのことに悩んでいたのですが、二〇一一年に、あらためてこれを研究し直したところ、意外なことが判明しました。これらの数字は、超弦理論の深い対称性を反映していることが分かったのです。

この対称性の現れる様子には、二十世紀初頭に活躍したインドの天才数学者シュリニバーサ・ラマヌジャンが開発した数学が密接に関係していました。ここで、少しラマヌジャンの話をします。

ラマヌジャンは、インドのマドラスに生まれたバラモン（カースト最上位の司祭階級）でしたが、英国の数学者ゴッドフレイ・ハロルド・ハーディに見出されて、ケンブリッジ大学に招かれ、五年間の滞在中に数学の研究で数多くの成果をあげました。しかし、残念なことに、第

図表3-2 カラビ－ヤウ空間のオイラー数の一般化
（超弦理論の質量公式を与える公式）

$$45q+231q^2+770q^3+2277q^4+\cdots\cdots$$

一次世界大戦中の困難な生活の中で病に倒れ、インドに戻った翌年に亡くなってしまいます。彼の生涯は映画『奇蹟がくれた数式』（二〇一六年公開）にもなりました。

ラマヌジャンは、インドに帰ってから亡くなるまでの一年のあいだに、モック保型形式という新しい数学の分野を開拓していました。この発見を記したノートは、彼が亡くなったのちハーディが相続しましたが、ハーディはこれを理解できず、ノートは何人かの数学者に受け継がれていくことになります。その後、ケンブリッジ大学の図書館に寄贈され、そのままそこで眠っていました。それを数学者のジョージ・アンドリュースが一九七六年に偶然発見し、ラマヌジャンの生誕百年にあたる一九八七年に本として発表しました。

私は、ちょうどこの一九八七年に国際会議でインドを訪問していたのですが、ラマヌジャンの「失われたノート」に書かれたモック保型形式が話題になっていました。会議中にこのノートについてのテレビ番組があり、参加者とそれを見て、「モック保型形式って、超弦理論に使えるのだろうか」という話を冗談交じりにしたことを覚えています。

ラマヌジャンの手紙を見る著者（左端　ケンブリッジ大学トリニティカレッジのレン図書館にて）

ところが、まさしくこのラマヌジャンの発見が、超弦理論の質量公式の対称性を明らかにするヒントだったのです。モック保型形式は、私がその二年後に書いた博士論文でも一部使われていましたが、それが超弦理論の深い対称性を反映していることが分かったのは、博士論文から二十年後のことでした。二〇〇九年の夏に、米国コロラド州のアスペン物理学センターで友人と議論をしていて思いついたのです。その後、この方面の研究は著しく進歩し、世界各地で研究されています。私は二〇一五年の春にケンブリッジ大学を訪れた際、ラマヌジャンがハーディに最後に書いた手紙を見せてもらう機会がありました。手紙の最後のページには、モック保型形式がいくつか記されており、その五番目のものがまさしく私が博士論文で使ったものだったので、感動しました。

因果律の危機を救う画期的アイデア

さてここで、第一部で紹介した「ブラックホールの情報問題」を思い出していただきましょう。この問題に量子力学とアインシュタインの重力理論をそのまま使うと、因果律が破れてしまうという話でした。科学の基本である因果律を守るには、量子力学と重力理論を統合する新しい枠組みが必要です。

これは、統一理論として期待される超弦理論への挑戦でもありました。では、超弦理論はこの難題にどう答えたのか。実はそこでも、私たちの「トポロジカルな弦理論」が役に立ちました。ただし残念ながら本書では、これについて詳しく説明する余裕がないので、興味のある方は拙著『重力とは何か』（幻冬舎新書）や『大栗先生の超弦理論入門』（ブルーバックス）をご覧ください。ここでは、おおまかな流れだけ把握してもらうことにします。

しばらくのあいだ、超弦理論はブラックホールをどう理解すればよいのか分からず、ホーキングの挑戦に応えられませんでした。しかし一九九五年、「第二次超弦理論革命」と呼ばれるブレークスルーが起こります。それまで超弦理論では物質の根源である素粒子を「一次元の弦」と考えてきましたが、そこには「二次元の膜」や「三次元の立体」など次元の広がりがあってもよいだろう、という考え方が出てきたのです。そういう基本単位のことを、超弦理論では「ブレーン」と名づけました。

このブレーンの考え方を導入したことで、画期的なアイデアが登場しました。それまで超弦理論では素粒子を輪ゴムのような「閉じた弦」と見なしていましたが、それだけではなく、両端のある「開いた弦」をブラックホールの分析に使えることが分かったのです。「閉じた弦」の半分がブラックホールの事象の地平線を超えて中に入ったとき、それは「開いた弦」がブラックホールの表面に張りついたように見えるでしょう。

細かい説明は省略しますが、開いた弦を使うことで、ブラックホールの「状態の数」が計算できるようになりました。いわば、表面に張りついた「開いた弦」を、ブラックホールの「原子」や「分子」のように見なせるということです。たとえば、ある部屋の空気の「状態の数」は、そこに含まれる分子の配置パターンがいくつあるかということ。分子の位置をすべて決めれば、部屋の空気の状態が決まります。それと同じように、ブラックホールの状態も「開いた弦」から計算できるのです。

しかし、大きなブラックホールでは状態の数を近似的に計算できましたが、小さなブラックホールでは量子的なゆらぎの効果が大きいため、その計算がうまくできませんでした。そこで役に立ったのが、私たちが開発した「トポロジカルな弦理論」でした。この理論を使うと、どんなサイズのブラックホールでも状態数を計算できることが示されたのです。

こうした計算の結果、ブラックホールの状態数が、因果律を保つために必要な値とぴったり一致することが分かりました。これは、ブラックホールからのホーキング放射が、通常の物理法則に従うことを意味していました。事象の地平線の向こう側に投げ込んだ情報は、ブラックホールの状態として保存されるのです。

私たちが暮らす三次元空間は幻想だった？

こうした計算は、ブラックホールのもうひとつの不思議な性質を明らかにしました。ブラックホールに許される状態の数（正確には、それに対数関数を施したもの）が、ブラックホールの体積ではなく表面積に比例するという計算結果です。

状態数（の対数）は一般的にその領域の大きさに比例しますから、これはおかしな話でしょう。たとえばある部屋の空気の状態数は、その部屋の体積に比例します。事象の地平線の向こうに投げ入れた本はブラックホールの内部に落下するので、その状態数もブラックホールの体積に比例すると考えるのがふつうでしょう。

それが表面積に比例しているとなると、ブラックホールの内部にあるはずの情報をその表面だけが担っているように見えます。事象の地平線の向こうにある三次元空間で起きていることが、ブラックホールの表面に映し出されて記録されているようなものです。

この発見から、「ホログラフィー原理」という新しい考え方が生まれました。光学の世界に

図表3-3　重力のホログラフィー原理

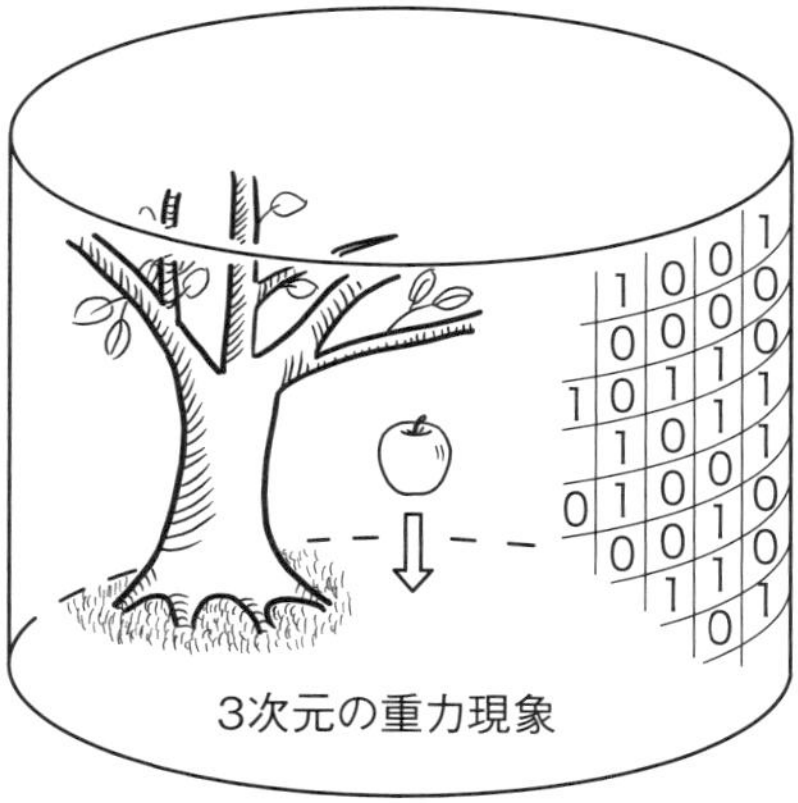

©Hirosi Ooguri

ある「ホログラム」のアナロジーです。ホログラムとは、光の干渉の仕方を二次元の平面上に記録しておくことによって、三次元の立体像を再現する手法のことです。それと同じように、ブラックホールの表面に記録された情報から、ブラックホール内部で起きていることを再現できる。つまりブラックホール内部のことはその表面がすべて知っており、そこにある情報だけで内部のことをすべて説明できるというわけです。

ホログラムで映し出される三次元映像は、いわば幻想にすぎません。情報の実体は、二次元の平面のほうにあります。だとすれば、私たちが暮らしているこの三次元空間は幻想にすぎず、空間の果てにある二次元の表面にある情報が実体ということになります。

しかも、このブラックホール表面の二次元世界には、重力が存在しません。というのも、超弦理論では「閉じた弦」が重力を伝えると考えるからです。「開いた弦」は重力とは関係のない素粒子です。そして、さきほど述べたとおり、ブラックホールの表面に張りついているのは「開いた弦」にほかなりません。「閉じた弦」が事象の地平線を超えることで「開いた弦」になるのです。ホログラフィー原理は、その「開いた弦」だけでブラックホール内部のすべてを記述するのですから、そこには重力が含まれません。

因果律が破れる問題は、量子力学と重力理論を同時に使うことから生じました。しかしホログラフィー原理を使って、重力が関わっていない方法ですべてを記述できるのなら、問題は起きません。私たちの三次元空間には、重力が働いていますが、それを二次元の面にホログラフィー原理で投影すれば重力は消えてしまいます（図表3-3）。重力が関わらない場合は決して情報が失われず、原理的にはすべての情報を復元可能であることが、量子力学的な計算によって証明されていました。ブラックホールが蒸発する現象は、本を燃やすのと同じ力学で説明できるのです。

こうして、ブラックホールのホーキング放射は因果律を脅かさないことが分かりました。それによって、やはり超弦理論が統一理論の有力候補であることが確認されたのです。

アインシュタインが嫌った奇妙な現象「量子もつれ」とは?

最後にもうひとつ、私自身の新しい研究を紹介しておきましょう。

量子力学と重力理論の統合にはまだ多くの課題がありますが、その中でも最近になって重要な話題として浮上してきたのは、「量子もつれ」の問題です。私もそれに取り組んでおり、最近は重力の基礎となる時空(時間と空間)が量子もつれから生まれる仕組みを解明する論文をいくつか書いています。時空間の本性は量子もつれの様子を近似的に表したものかもしれない、という話です。

そう言われても、ほとんどの人は何のことだか分からないでしょう。まずは、量子もつれとは何かをお話しします。

量子もつれの現象を最初に指摘したのは、アインシュタインでした。そもそもアインシュタインは、特殊相対性理論と同じ一九〇五年に発表した「光量子仮説」によってノーベル物理学賞を受賞していますから、量子力学の創設者のひとりでもあります。しかしその理論が発展するにつれて、納得のいかない気持ちを募らせました。粒子の運動は確率でしか予測できないとする量子力学に反対して、「神はサイコロを振らない」という有名な言葉も残しています。

そこで、「量子力学が正しいとすると、こんなおかしな現象が起こる」と批判的な意味合いで指摘したのが、量子もつれの現象です。一九三五年に発表したその論文の中で、彼は量子もつれのことを「奇怪な遠隔作用」と呼びました。一体、どのような遠隔作用でしょう。

たとえば、電子という粒子には「スピン」という性質があり、その回転方向には上向きと下向きの二種類があります。ただし量子力学では、その状態がどちらなのか、観測するまで分かりません。観測するまでは、上向きと下向きのスピンが「重ね合わせ」の状態にあると考えます。観測した瞬間に、上向きか下向きかが確定する。それを状態の「収縮」と呼びます。

これ自体がすでに不思議な考え方なのですが、さらにこの重ね合わせが二つの電子のペアになると、どうなるか。電子Aと電子Bがあり、「Aが上向きでBが下向き」という状態と「Aが下向きでBが上向き」という状態の重ね合わせです。

この場合、その状態を確定するのに両方を観測する必要はありません。AかBのどちらか一方を観測した瞬間に、もう一方はそれと反対方向であることが確定します。ここに「奇怪な遠隔作用」があることが、お分かりになるでしょうか。たとえ電子Aと電子Bが遠く離れた場所にあっても、両方の状態は同時に収縮します。つまり、一方で収縮したという事実が、同時にもう一方に伝わっている。しかし、アインシュタインの特殊相対性理論によれば、情報の伝わる速度は有限です。光よりも速く情報が伝わることはないので、一方の観測結果が離れた場所に影響を及ぼすのはおかしい。だからアインシュタインはそれを「奇怪な遠隔作用」と見なし、量子力学に疑問を呈したのです。

新たなパラドックス「ブラックホールの防火壁問題」

しかしアインシュタインの思いとは裏腹に、この「量子もつれ」という現象が実際に起こることは実験でも検証されました。もちろん、特殊相対性理論とは矛盾しないのですが、この「奇怪な遠隔作用」が起きることは、実験でも示されているのです。

量子力学の世界では、量子もつれによって、いろいろと不思議なことが起こります。たとえば一〇〇ページの本を読む場合、ふつうは一〇ページ読めば一〇ページ分、五〇ページ読めば五〇ページ分の情報が得られるでしょう。ところが量子力学の世界では、一〇〇ページ読んでも五〇ページ読んでも何も情報が得られず、一〇〇ページをすべて読んで初めて何が書いてあったか分かる、ということが起きます。二つの電子のスピンが相関しているのと同じように、あちこちに書いてある情報の相関によって全体の状態が確定するのです。

また、量子もつれには「一夫一婦制」のような性質もあります。たとえば電子が三つある場合、電子Aと電子Bが量子的にもつれると、電子Cはその二つともつれることができません。これは、二者間でしか情報を共有できないという意味でもあります。読書にたとえるなら、Aさんが貸してあげた本をBさんは読むことができるけれど、それをCさんが借りて読むことはできない。量子もつれには、そういう限界があるのです。

別世界の抽象的な話に聞こえるかもしれませんが、量子もつれはいずれ私たちの身近なところで実用化されると思います。いま盛んに研究されている量子コンピュータも、この現象を応用するものです。これが実現すると、私たちのインターネット生活にも大きな影響が出るかもしれません。たとえばインターネット通販で使うクレジットカード番号などの暗号化には、「大きな数字は素因数分解が難しい」という性質を使っています。ですから、どんなに大きい数字でも瞬時に素因数分解できるプログラムができると、インターネット経済は一気に崩壊してしまうかもしれません。量子コンピュータにはそれが可能であることが、すでに数学的には証明されています。

そんな量子もつれが私たち理論物理学者にとって重要な話題になったのは、「ブラックホールの防火壁問題」という新たなパラドックスが見つかったのがきっかけでした。ホーキング放射のときと同様、ここで注目されるのは、事象の地平線をはさんだ「内側」と「外側」の関係です。まだきちんとした結論は出ていないのですが、ブラックホールのまわりの空間の量子もつれのために、事象の地平線のすぐ内側に灼熱の「壁」が生じ、内側には時間も空間もなくなってしまうはずだ——という仮説が提唱されました。

第一部では、「佐々木先生がブラックホールに飛び込んだらどうなるか」というお話をしました。遠くにいる私には佐々木先生の時間が事象の地平線で止まって見えるものの、佐々木先生自身の時間は動き続けるので、ブラックホール内部に落ちていける。一般相対性理論では、そうなるはずでした。そこで、第一部では、「アインシュタインの理論によると」という但し書きつきで、地平線を無事通り抜けられると申し上げました。ところが、量子もつれの現象を考慮に入れると、そうはなりません。灼熱の壁に焼き尽くされてしまうかもしれないし、その内側には時間も空間もないかもしれない。アインシュタインを信用してブラックホールに飛び込んだ佐々木先生には申し訳ありませんが、地平線を超えたあとにどうなるのか、まだ確かなことは分かっていません。「時間が存在しない」という点では、そこは仏教の「涅槃」と同じかもしれません。その場所で佐々木先生が釈迦の教えについて何をお考えになるか、聞いてみたい気もいたします。もっとも、そこから送られるメールは、ブラックホールの重力のために残念ながら私には届かないでしょう。

この「ブラックホールの防火壁問題」が示すように、量子力学と一般相対性理論の統合は、まだまだ発展途上です。私が最近発表した論文も、この量子もつれによって、重力の舞台となる時間と空間が生じる様子を説明するものでした。こうした研究を続けることで、宇宙の始まりやこの世の本質を根源的に説明する究極の理論を見定めようとしているのです。

特別講義2

大乗仏教の起源に迫る

——佐々木閑

なぜ釈迦の教えと正反対の大乗仏教が生まれたのか

ここまで大栗先生には、まさに物理学の最先端を行く興味深いお話をしていただきました。およそ百年前につくられたアインシュタインの相対性理論でさえ私たちの日常的な感覚とはかけ離れているわけですが、その先に現れた超弦理論の世界像はまことに驚くべきものです。しかしそれも論理を積み上げた結果として出てきたものですから、まずは素直に受け入れ、いずれそれが観測や実験によって検証されるのを楽しみに待ちたいと思います。

大栗先生の講義に続いてここでは、仏教の学問的な研究がどのように行われるのかを知ってもらう意味も込めて、私自身が数年前に発表した大乗仏教の発展に関する研究成果を披露しましょう。三十歳の頃から十年かけて研究し、博士論文としてまとめたものです。

仏教はもともと釈迦という実在の人物がつくったものですから、当初はひとつの教えを信奉する単一の宗教として出発しました。しかし現在、仏教はきわめて多様化しています。日本だけでも何々宗と名のつく仏教はたくさんありますし、海外の仏教国にも中身の異なる宗派がいろいろとある。それらがすべて「仏教」の名でひとくくりにされているのです。

もちろんキリスト教もプロテスタントやカトリックなどに分裂しましたし、イスラム教にもスンニ派やシーア派といった宗派がありますから、多様化は仏教だけの特徴ではないでしょう。

図表4-1　『島史』による部派分派

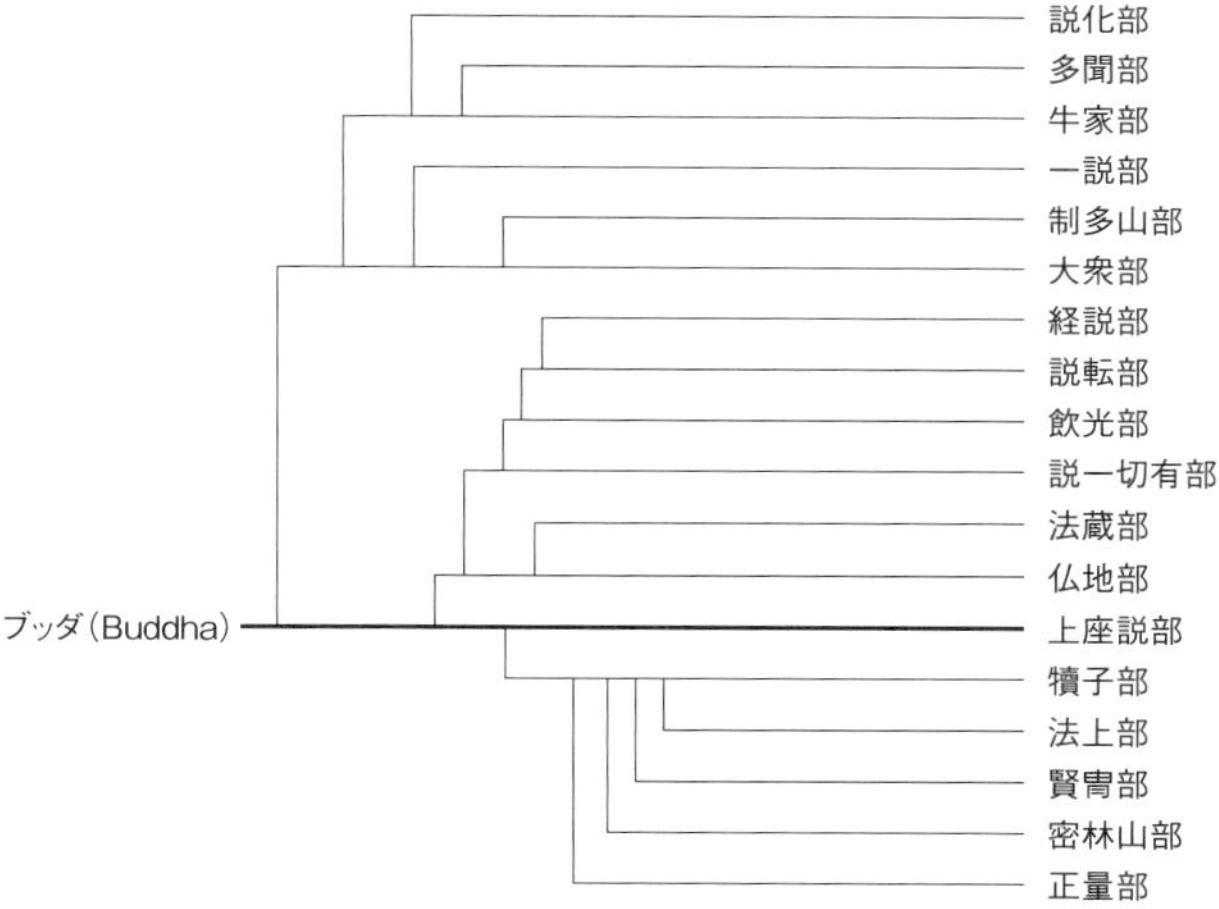

しかし仏教の多様性は、ほかの宗教とは比較になりません。異常とも言えるくらい、多くの宗派が存在しています。

しかも、釈迦の仏教と後代の大乗仏教を比較すると、およそ正反対の教えを説いている。これはほかの宗教にはありえない、仏教ならではの特異な現象でしょう。

その大乗仏教が生まれたときのことは、第二部でお話ししました。しかしこの新しい仏教がなぜ出てきたのかについては、学界でも長年のあいだ議論があり、よく分からなかったのが実情です。

大乗仏教が登場する以前から、仏教には分派がありました。第二部で紹介した『島史』というスリランカの歴史書にはその流れが記述されており、それをもとに作成したのが図表4−1です。『島史』の情報がどこまで正しいかは確証がありませんが、釈迦が死去してから百〜二百年のあいだに多くのグループが枝分かれしたことは間違いないでしょう。

しかし、この中に大乗仏教はひとつもありません。以前は上から六番目にある大衆部《だいしゅぶ》(Mahāsaṃgītika＝マハーサンギーティカ)という一派が大乗仏教の単一の起源だとする説がありましたが、これは否定されています。その後は、この図の中には大乗仏教のルーツはないという考え方も出てきました。これはかなり大胆な説と言えるでしょう。ここに書かれたグループはすべて釈迦の仏教から枝分かれしたものですから、それ以外のところに起源があるとすると、大乗仏教は釈迦とつながりません。大乗仏教は、釈迦が創立したサンガ組織の中から生まれたのではなく、外部の、在家の世界で発生したという、衝撃的な学説です。二十年ほど前までは、この説が有力視されていました。

「アショーカ王碑文」との出会い

私自身は、はじめから大乗仏教の起源解明を目的にして仏教学を始めたわけではありません。本来の研究領域は「律蔵」と呼ばれる、仏教サンガで用いられる法律です。法律を資料として用いることで、仏教という宗教の本質を解明しようというのが私の基本姿勢で、いまでもその方向性は変わっていません。

ところが二十代の終わり頃、その律蔵の研究を続けていく中でたまたま発見したひとつの情報をたどっていくうちに、芋づる式に大乗仏教の起源をめぐる問題に引き込まれていったのです。この問題の解決には十年かかりましたが、その間、私はずっと「こういった文系に属する問題を、科学的手法によって実証的に解くにはどうしたらよいか」と考え続けました。ここでは、私が考えた方法を、実際の研究の進展過程に沿って紹介します。大乗仏教はなぜ起こったのかという問題です。

私が律蔵を研究する中でたまたま発見した事実というのは、「アショーカ王碑文」という、有名な資料の中に含まれていました。アショーカ王というのは、二千三百〜二千二百年くらい前のインドに実在した王様です。釈迦が亡くなって百〜二百年後の時期です。インド全体を統一したマウリヤ王朝という大帝国の三代目の支配者でした。このアショーカ王が熱心な仏教信者になったおかげで、それまでマイナーな存在だった仏教がインドにおける一大宗教に格上げされたと言われています。

アショーカ王は、自分の業績や政治理念、宗教体験などを後世に残すため、自分の言葉を石に彫らせました。それが現在でもインド全域に約四十カ所残っており、仏教のみならず、インド史全体を研究する上できわめて貴重な史料となっています。英国の考古学者がその解読に成功したのは、一八三七年のこと。発掘されたコインの表に現代に近い文字、その裏に碑文に使

図表4-2　アショーカ王碑文

出典:“INSCRIPTIONS OF ASOKA〈NEW EDITION〉”(p.162)

われた古代文字が刻まれており、表裏が同じ内容だと想定して読んでみると、碑文がきちんと意味のある文章になったのです。

そのアショーカ王碑文の専門家であるK・R・ノーマン氏が、私が大学院生のとき、英国から京都にやってきました。ノーマン氏の講演に先立って、私の指導教官であった梶山雄一先生が「講演で質問してみなさい」と勧めてくださった。それが私がこの碑文を読み始めたきっかけです。講演のテーマは、碑文の中にある「分裂法勅《ぶんれつほうちょく》」という文書でした。

これは、仏教僧団、すなわちサンガの分裂を防止するためのアショーカ王の命令文です。熱心な信者だったアショーカ王がそのような法勅を出したということは、釈迦の死から百〜二百年経った時代のサンガには、常に分裂の危険性が潜んでいたということでしょう。

サンガの分裂防止を命じた「分裂法勅」三つの謎

法勅の冒頭には、「天愛が命令する」「パータリプタの大官たちが命令を受ける」とあります。「天愛」とは、アショーカ王自身のこと。パータリプタはパータリプトラとも言われる町の名前で、そこの役人に対する王からの命令であることが明記されているわけです。その後はこのように続きます。

いかなる者であろうともサンガを分裂させてはならない。比丘《びく》であれ比丘尼《びくに》であれサンガを分裂させる可能性のある者は、白衣を着せてサンガの住処以外の所に住まわせよ。以上、この勅令は比丘サンガと比丘尼サンガに告知されねばならない。以上が天愛の告げるところである。

比丘は男のお坊さん、比丘尼は女のお坊さんのことです。お坊さんは黄色い衣を着ていますから、「白衣」とは俗人という意味です。つまり、サンガを分裂させようとするお坊さんは還《げん》俗《ぞく》させろという意味です。法勅そのものはここで終わりなのですが、碑文にはそれに続いて役所への指示のような文言が書かれています。おそらく、碑文として彫る必要のなかった補足部分を間違えてそのまま彫ってしまったのでしょう。

この法勅の写し一通を役所に預かって汝らの手元に保管せよ。またこの同じ法勅の一通を優婆塞《うばそく》（在家信者）の手元に預けよ。そしてこの優婆塞は斎日《さいじつ》毎にこの法勅を viśvās（ヴィシュヴァース）するために行かねばならない。また各大官も斎日毎に規則正しくこの法勅を viśvās し、ājñā（アージュニャー、確認）するために布薩《ふさつ》に行かねばならない。

斎日とは月に五～六回設けられた特別な日で、いまで言う精進日のようなものです。布薩は、サンガで半月ごとに行われる反省会。サンガのメンバーはそのとき必ず一カ所に集まります。月に二回、そのサンガで暮らしているお坊さんが全員集合する日があるわけです。「viśvās」の意味については、のちほどお話ししましょう。

ノーマン氏の話では、この分裂法勅にはいくつか疑問点があるとのことでした。

第一に、「住まわせよ」という表現です。サンガを分裂させるお坊さんは悪者ですから、還俗させて外に追い出すのがふつうの発想でしょう。ところがここでは「追い出せ」とは言わず「住まわせる」としている。単に排除するのではなく、何か生活の世話をするようなニュアンスがあります。

第二に、サンガのルールを定めた「律蔵」と、この法勅の関係が問題です。「律蔵」はサンガの自治を行うための法律であり、悪いことをしたお坊さんを追い出すことも規定されている。その行動の主体はあくまでサンガです。ところが分裂法勅の主体はサンガではありません。王自身が「追い出せ」と命じていると考えるなら、自治組織であるサンガに対して、国王という外部の権力が干渉しているように見えます。これを認めると、仏教の法律である「律蔵」が成り立ちません。

第三に、「viśvās」という単語です。これは本来「信頼させる」という意味ですが、「斎日毎にこの法勅を信頼させる」とはどういうことなのか、よく分かりません。誰に何を「信頼させる」のか。その点がまったく分からないのです。これは一体、どのように解釈すべきなのか。また、在家信者と役人の両方が法勅を「viśvās」する、つまり信頼させるためにサンガの反省会に行くとはどういうことなのかも分かりません。

『摩訶僧祇律』に記された「破僧」についての奇妙な規則

分裂法勅に関する講演を聞いた数カ月後、私は自分の専門分野である「律蔵」に関する資料を読んでいました。第二部でお話ししたとおり、仏教サンガのあるところには必ず「律蔵」が

図表4-3　完全な形で現存する律蔵

上座部系律蔵

- パーリ律
- 四分律
- 五分律
- 十誦律
- 根本説一切有部律

大衆部系律蔵

- 摩訶僧祇律

なければいけません。それをコツコツ読むという基礎作業を続けていたのです。

　現在、完全な形で存在する「律蔵」は、図表4-3で示した六本です。「パーリ律」は、パーリ語という古代インド語で書かれたもの。スリランカやタイの仏教サンガで現在も用いられているのがこれです。『四分律《しぶんりつ》』『五分律《ごぶんりつ》』『十誦律《じゅうじゅりつ》』『根本説《こんぽんせつ》一切有部律《いっさいうぶりつ》』の四つは、いずれもインド語から中国語に翻訳されたもの。このうち『根本説一切有部律』はチベット語にも翻訳され、現在のチベット仏教で使われています。

　以上の五本は、すべて「上座部《じょうざぶ》系律蔵」という系統に属するものです。さきほど『島史』に基づく仏教の分派図を示しましたが、あれはもともと仏教が「上座部」と「大衆部」の二つに分かれたところから始まりました。その二つがそれぞれさらに枝分かれし、二十ほどの分派になったわけです。そして今言った五本の「律蔵」はすべて「上座部」の系統に属しているのですが、最後の『摩訶僧祇律《まかそうぎりつ》』だけは「大衆部」の系統なのです。

これら六本の「律蔵」は、おおもとの「律蔵」が枝分かれして出てきたものですから、中身は同じです。しかし、釈迦以降の長い年月の中で、さまざまな情報が加わっていって、それぞれが個性を持つようになり、相違点もたくさんあります。

ノーマン氏の講演後に私がたまたま読んでいたのは、『摩訶僧祇律』です。その第二六巻に、「破僧」に関する規則が書かれていました。破僧とは、サンガの分裂のこと、分裂法勅が禁じていたあの行為です。原典は漢文なので、ここでは訳文をご紹介しましょう。

もし「この人は破僧しようとしているな」ということが分かったら、比丘たちは（その人に向かって）次のように言え。「君、破僧してはいけない。破僧はたいへんな罪だ。悪道に落ち地獄へ行くことになるぞ。君には衣鉢をあげよう。経を授け経を読んであげよう。わからないことがあったら教えてあげよう（だから破僧はするな）」

もしそれでも止めないなら、力勢ある優婆塞に次のように言え。「こういう者が破僧しようとしています。行ってこれをなだめて、止めさせてください」。その優婆塞は（その悪比丘の所へ行って）次のように言え。「もしもしあなた、破僧してはいけませんよ。破僧はたいへんな罪ですよ。悪道に落ち地獄へ行くことになりますよ。私があなたのために衣鉢や薬をあげましょう。もし出家生活を続けたくないというのなら還俗なさい。私が嫁さんのお世話をして必要な物もそろえてあげましょう（だから破僧は止めなさい）」

それでも止めない時は、舎羅籌《しやらちゆう》（数を勘定するのに使う棒）を使った議決によって除名せよ。除名してから（サンガに対して）次のように布告せよ。「皆さん、破僧をたくらむ者がいますから、来たら気を付けてください」

このように予防してもなお、破僧したならこれを「破僧」と言う。（この破僧僧団に対して）布施をした場合でも「良福田（良い果報の見返りがある）」と言われる。（この破僧僧団の中で）具足戒（正式な出家者になるための儀式）を受けた場合でも「善受具足」と言われる（有効とされる）。

もし（そこが破僧僧団だと）気が付いたらすぐに立ち去れ。立ち去らない者は「破僧伴（破僧の仲間）」と言われる。この破僧の仲間達とは決して一緒にしゃべったり、一緒に住んだり一緒に食べたりしてはならないし、仏・法・僧を共にしてはならない。また布薩、安居、自恣《じし》やその他の共同会議を一緒にしてはならない。他の外道出家人には「席があります。よかったらお坐りなさい」と言ってもよいが、破僧人にはそのような言葉をかけてはならない。

ここには、たいへん奇妙なことが書かれています。サンガを分裂させる悪しき出家者を除名して追い出せと言っておきながら、その者たちに布施をすると果報があると言い、また、その者たちからお坊さんになるための儀式を受けることも有効だと言うのですから、言うことが矛盾しています。

「アショーカ王碑文」の三つの謎が解けた！

しかしこれを読んだことで、アショーカ王碑文の「第一の謎」が解けました。『摩訶僧祇律』では、破僧しそうな者がいた場合、有力な在家信者にその世話をさせ、良い生活を保障するという条件で、還俗させることになっています。このように決めておくと、不満分子はサンガを分裂させず、在家での良い生活を選ぶかもしれません。有力な在家信者に、「還俗して在家生活に戻れば、良い暮らしができますよ」と代替案を提示してもらうことで、不満分子をサンガから排除しようという方策です。

これで、碑文の「住まわせよ」という言葉の意味が明確になりました。有力な在家信者であるアショーカ王が家臣に対して、「破僧しそうな修行者がいたら、還俗させて、その生活の面倒を見てやれ」と言っているのだと考えれば、それはたしかに、「追い出せ」という意味ではなく、「住まわせよ」という意味でよいのです。

また、これを読むかぎり、破僧者を追い出す主体はあくまでもサンガです。在家信者は還俗の世話をすることで、事態収拾の後押しをしているだけです。そしてアショーカ王の分裂法勅もこの『摩訶僧祇律』の内容に照らして読めば、国王が破僧者を追放するわけではなく、還俗後の生活を保障することでサンガに協力しているのだと理解できます。そう考えれば「第二の謎」も解決します。

では、「第三の謎」である「viśvās」の意味はどうか。『摩訶僧祇律』に従うと、こんな状況が想定されます。半月ごとに行われるサンガの反省会（布薩）に、アショーカ王の法勅を携えた役人が出かけていく。そこに破僧しそうな者がいる場合、サンガのメンバーはその者に対して「あの役人が持っている法勅には、還俗すれば嫁の世話から何からしてくれると書いてある。だから破僧をやめて還俗しなさい」と言って説得します。そう考えると、「viśvās＝信頼させる」の意味も分かるでしょう。役人の持っている法勅が、破僧をやめさせるための保障になっているのです。

科学者が見ても納得できる仮説を組み上げる

これは、アショーカ王碑文と仏教の「律蔵」の直接対応を発見した最初の例になりました。これを足がかりに研究を発展させる上で私が最初に考えたのは、「これから組み上げる仮説は、科学者が見ても納得できるものにしたい」ということでした。おかしな発想かもしれませんが、もともと私は理科系の出身なので、自然科学の論文への憧れがあったのでしょう。自分の研究をできるだけ科学的な方法で組み上げたいという強い思いが湧いてきたのです。

仏教学に限らず、文科系の学問は一般的に、できるだけ多くの情報を集め、その全体を使って仮説を立てるのが基本パターンです。いわば情報の「量」で勝負する世界。ですから今回のこの研究の場合なら、アショーカ王の関連資料や「律蔵」の文献をたくさん集めて、それを総合する形で仮説を築き上げることになるでしょう。しかし私はそういうやり方に抵抗があったので、もっと論理的に実証する手法をとりたいと考えました。

そこでまず着目したのは、アショーカ王碑文と『摩訶僧祇律』の共通点です。これらは、どちらも歴史書ではありません。歴史書とは、歴史を語ろうという意思を持って書かれた書物のことです。碑文も「律蔵」も、それ自体が歴史の一部となる貴重な史料ではありますが、歴史を語るために書かれたものではありません。

古代インドの歴史書は、決して歴史をありのままに記録するために書かれたものではなく、著者の権威性を根拠づけるのが目的なので、そこに含まれた情報をそのまま信用して使うことはできません。それに対して、碑文や「律蔵」から抽出した情報には、そういった意図が影響している可能性が低い。そのとき、その状況の中で、当事者が何らかの理由で書き残した文言が、たまたま歴史情報を含んでいたということなので、史実が意図的に改竄《かいざん》されている可能性は低く、歴史的信憑性が増すのです。同じ文献資料でも、歴史的信憑性には、二つの異なるレベルがあり、いま私はたまたまレベルが高いほうの資料を二つ手にしたということです。ならば、今後も仮説が形成されるまでは歴史書を使わないことにしよう——私はそう決めました。仮説を立てたあとで、歴史書にあたるのです。そうすれば、自分の仮説を歴史書と対照させることによって、検証作業が可能になる。ですから、分裂法勅と『摩訶僧祇律』の第二六巻の一部が結びついたことを示した最初の論文の末尾で、私は、「今後も歴史書を使わずに仮説をつくる」という宣言文をつけました。

「サンガの分裂とは何か」を基礎から見直してみたら

次に手がけたのは、「破僧定義の転換」というテーマです。そもそも僧団、すなわちサンガの分裂とは何なのか。それを基礎から見直そうと考えました。

六本ある「律蔵」のひとつである『十誦律』第三七巻には、破僧の定義が示されています。それによれば、ウパーリという長老が釈迦に、「どういう条件が揃ったときに破僧と言うのですか」と問うたところ、釈迦は「一四の原因があって、そのどれかが関わっている場合に破僧となる」と答えました。そのあと釈迦は、「邪説を正しい教えだと主張すること」「正しい教えを邪説だと主張すること」など、その一四の原因を列挙し、こう言います。

もし是の比丘が邪説を正しい教えだと主張し、此の邪説でもって比丘たちを教化、説得し、サンガを分裂させたならば、サンガが分裂した時点で彼は大罪を犯すことになる。大罪を犯したら、一劫《いちこう》の間、阿鼻地獄に落ちる。

阿鼻地獄とは、日本でよく「無間地獄」と呼ばれるのと同じものです。一劫は、数十億年にも相当する長い時間を表します。破僧はそれぐらいの罰に値する大罪ということです。さらに釈迦は、次のように言いました。ここが破僧の定義の要となる部分です。

ウパーリよ、二つの条件が揃った場合、破僧と名付ける。唱説と取籌《しゅちゅう》である。唱説とはサンガの中で「私は次のように提言します云々」と三回邪説を提言することである。取籌とは邪説に賛同する者に、賛同の証として籌（木のスティック）を取らせることである。

要するに、釈迦の教えに反する邪説を唱え、仲間を募ってサンガから出ていくことを破僧と呼ぶわけです。これが、『十誦律』における破僧の定義です。

では、さきほどの『摩訶僧祇律』では破僧をどのように定義しているでしょう。こちらには、釈迦がウパーリにこんなことを言ったと書いてあります。

サンガの中で争いが生じたとしても、そのサンガがひとつの界の中で共住し、説戒《せっかい》（布薩儀式）および羯磨《かつま》（サンガの全員で行う会議）を一緒に行っているかぎりは破僧ではない。ひとつの界の中で別々に布薩、自恣、羯磨を行うことが破僧である。

ここで言う界とは、サンガの領域のことです。日本の寺で言うなら、境内に相当します。たとえば東大寺のような寺でも、どこからどこまでを界とするかがきちんと決められています。日本の仏教にはサンガがありませんが、本来サンガというものは、その界の中で一緒に暮らすわけです。その領域内で儀式や会議を一緒にやっていれば破僧ではないと言うのですから、『十誦律』の定義とはずいぶん違うことが分かるでしょう。こちらの定義では、教えが正しいかどうかは関係がありません。信じる教えが異なっていても、布薩、自恣、羯磨といった集団行事を一緒にやってさえいれば破僧ではないのです。

「チャクラベーダ」と「カルマベーダ」、破僧の定義が二つあった

ここで破僧の定義に二種類あるらしいということが分かったわけですが、これだけでは私の

思い込みかもしれません。本当は同じ定義なのに、表現が違うために異なるものに見えてしまう可能性もあるでしょう。

しかし、たしかに定義が二つあることを裏づける証拠も見つかりました。第二部で紹介した仏教哲学書「アビダルマ」です。その中に、次のような内容の記述があるのです。

ある人がサンガのメンバーによって「仏陀とは別の師である」と承認され、その人の主張が仏陀の説とは違う説であると承認されたとき、それは破僧であり破法輪（cakrabheda＝チャクラベーダ）であると認められる。なぜならそのとき仏陀の法輪が破壊されたことになるからである。

「仏陀の法輪」とは仏陀の教えのこと。それを破壊すると言うのですから、言いかえれば邪説を唱えて、同調者を集めるということです。これは、『十誦律』における破僧の定義と一致します。また、ここではそういう破僧に「チャクラベーダ」という名前があることも分かりました。しかし「アビダルマ」における破僧の定義はここでは終わりません。「けれども、別の破僧がある」と言います。

それは破羯磨（karmabheda＝カルマベーダ）によってなされる。もしひとつの界の中で、別々に羯磨をなすならば、である。

もう、お分かりでしょう。こちらは、『摩訶僧祇律』における破僧の定義と同じです。破僧には、釈迦の教えに背くような主張を唱える「チャクラベーダ」と、会議や儀式などを別々に行う「カルマベーダ」の二種類がある。アビダルマが書かれた時代のインドでは、すでにそれが認識されていたのです。

さらに「アビダルマ」では、「仏陀が初めて仏教をつくり、まだサンガが完成していないとき」や「仏陀が涅槃に入って、この世からいなくなったあと」には、チャクラベーダは起こりえないとしています。サンガがまだ存在しない段階はもちろん、釈迦が亡くなったあともそれは起こらない。したがって、釈迦が亡くなったあとに起こる破僧はカルマベーダだけということになります。

なぜ、釈迦が亡くなるとチャクラベーダが起こらないのか。釈迦の教えが残っている以上、それに反する説を唱えることもできるでしょう。チャクラベーダは起こるのではないか。しかし「アビダルマ」では、そうは考えません。「仏陀が生きていたときにはチャクラベーダであったが、仏陀亡きあとはカルマベーダしか起こりえなくなった」と言い張るのです。「だからいま現在、起こりうる破僧はカルマベーダだけであって、チャクラベーダは過去の遺物だ」と言うわけです。これは、もともとは破僧と言えばチャクラベーダであったものが、のちの時代になるとそれがカルマベーダに入れ替えられたという歴史的経過を正当化するための言い訳なのです。

破僧定義の変更を裏づける数々の証拠

その後もさまざまな文献を比較分析した結果、チャクラベーダは破僧の古い定義であり、それが次第にカルマベーダに変更されていったことが分かりました。当初は「教えが違うのはいけない」と考えられていたのが、「教えは違ってもかまわないが儀式にはちゃんと参加しなさい」というルールになったのです。

たとえば「パーリ律」には、二つの破僧定義が混在していました。

破僧を定義した文には「正しくない教えを正しいと主張するなど、一八種類の間違った見解を主張する者が、別個に集団行動を行うこと」とあります。「間違った教えを主張する」という条件と、「別々に行事を行う」という条件が並べてあるので、これは、チャクラベーダとカルマベーダの折衷形と見ていいでしょう。

しかし、同じ「パーリ律」に書かれている破僧の具体的事例を見ると、「デーヴァダッタという悪弟子が、五つの邪説を主張し、仲間を募って独立した。これが事件の全体である」と書かれています。こちらは、チャクラベーダ単独の破僧。一本の同じ「律蔵」の中に、「チャクラベーダとカルマベーダの折衷形」と、「チャクラベーダの単独形」という二つの形が現れています。ここで問題になるのは、二つの定義のうちどちらが古いのかということです。

それを判断する上では、パーリ律について後代に書かれた注釈書を利用しました。「律蔵」の成立から七百〜八百年後に書かれた注釈書を見ると、チャクラベーダ単独の破僧のはずの「デーヴァダッタによる破僧事件」についてこのように書かれています。

聞くところによると、デーヴァダッタはそのようにして取籌してから、その場で別個の集団行事を行ってから出て行ったのだと言われている。それがこの話の意味である。

「聞くところによると」というのは、「どこかに書いてあるわけではないが」という意味です。お経や「律蔵」などの文献には書いていないけれど、とにかくデーヴァダッタは仲間と別個に集団行事を行ったのだ、と強弁しているのです。

「パーリ律」を読むかぎり「デーヴァダッタによる破僧事件」の記事は、チャクラベーダ単独の破僧としか解釈できないのに、この注釈書はその本文をねじ曲げてでもカルマベーダが破僧の定義であることを主張している。「昔の『律蔵』にはチャクラベーダとして表現されていますが、本当はそれはカルマベーダだったのです」と言っているのです。注釈書は「パーリ律」よりもはるかにあとの時代に書かれたものですから、もともとの定義であったチャクラベーダが、あとでカルマベーダに変更されたということが分かります。

そのような流れを示す文献は、これだけではありません。ほかの文献を分析しても、流れはすべて「チャクラベーダからカルマベーダへ」となっており、逆の流れを示す反例はありません。初期の仏教界では、チャクラベーダが破僧の定義でしたから、釈迦の教えと違うことを説いてサンガを分裂させれば、地獄に落ちると考えられたのです。ところがある時期から、何らかの理由で破僧定義をカルマベーダに変更しました。「互いの主張に違いがあってもかまわない。一緒に揃って行事を行えば、それでサンガは一致団結していることになるのだ。行事を一緒に行わないということが破僧なのだ」という考えに変わったのです。

その変更にもっとも熱心だったのは、『摩訶僧祇律』を用いていた大衆部です。『十誦律』を用いていた部派はそれに抵抗し、チャクラベーダを守り続けましたが、「アビダルマ」がつくられた時代にはしぶしぶカルマベーダを受け入れました。二つの破僧定義を併記した「アビダルマ」を書いたのは、その『十誦律』を用いていたグループです。この時点で、おそらく全仏教世界がカルマベーダを破僧の定義とすることになったのでしょう。

アショーカ王碑文と破僧定義の変更には関係があった

さて、それでは、この破僧定義の転換という現象とアショーカ王碑文には何らかのつながりがあるのでしょうか。ここまでの研究では、まだそれについては分かりません。それを明らかにするために、私は『摩訶僧祇律』の構造を綿密に調べました。『摩訶僧祇律』は、「律蔵」文献の中でも特異な構造を持っています。たとえて言えば、ほかの「律蔵」では皆「ABCDE」の順で書かれていることが、『摩訶僧祇律』だけは「ACDBE」の順になっていたりするのです。そういう構造上の特異点を拾い上げていった結果、『摩訶僧祇律』が現在のような奇妙な構造を持つにいたった主原因は、羯磨（サンガの全員で行う会議）を体系的に説明するために、羯磨に関する記述だけを無理やり一カ所に集めようとしたことにあると判明しました。新しい破僧定義であるカルマベーダはサンガの全員で行う行事、つまり羯磨への参加を最重要視しますから、この組み替えが破僧定義の変更と密接に関わるものであることは明らかでしょう。

そして、ここで重要なのは、この組み替え作業のいちばん要となる箇所に、アショーカ王の分裂法勅と対応する第二六巻の一節が置かれていることです。アショーカ王碑文では、破僧しようとする者を還俗させて「住まわせよ」としているのが謎でしたが、その意味は『摩訶僧祇律』の第二六巻で有力な在家信者に、「私が嫁さんのお世話をして必要なものも揃えてあげましょう」などと言わせていることでつじつまが合いました。『摩訶僧祇律』の全体構造を見渡すと、第二六巻の記述が出てくる部分までは羯磨に関する記述がたくさんあり、それ以降は羯磨がらみの情報が一切ありません。後代の人為的な操作によって、羯磨に関する情報を冒頭に集めて体系的に説明しようとし、そのしめくくりのところに、アショーカ王碑文と対応する一節が置かれているのです。

宗教としてのタガが外れ、おそるべき多様化へ

この仮説を前提に考えると、以下のような結論を導くことができます。

アショーカ王の時代に、地理的に分散していた仏教世界で、規模は不明ながら何らかの諍《いさか》いが起こり、互いが正当性を主張して対立しました。この時点での破僧の定義は、チャクラベーダです。釈迦の教えと異なる主張をすることが破僧なので、対立する集団はお互いに相手を破僧集団と見なして非難したでしょう。

そこにアショーカ王が登場し、破僧状態を解消するために尽力しました。そのための手段が、碑文に残された分裂法勅です。これによって、「還俗すれば自分が面倒を見るから争いごとはやめなさい」と諭した。この方策が実際に効果を発揮したかどうかは不明ですが、ともかく王からの和解勧告があったのですから事は重要です。

これを受けて、各グループは和解のための儀式（これを和合布薩と言います）を行い、破僧の定義をカルマベーダに変更しました。「互いの主張が違っていても、行事さえ一緒に行っていれば、そのサンガは和合していることになる」という新しい共通認識を導入することで、教義を一本化することなしに和合する道を開いたわけです。意見は対立していても、行事さえ一緒にやれば破僧にはならないという新しい運営方法が導入されたのです。これにより、現状のままで仏教はひとつにまとまったということになりました。

『摩訶僧祇律』第二六巻で「サンガを分裂させる者を除名せよ」と言っておきながら、その一方で「その除名された者たちへの布施は有効であり、その者たちからお坊さんになるための儀式を受けることも有効だ」とも言っていて、内容に矛盾があると指摘しましたが、それも、このような状況を考えると解決します。本来のチャクラベーダならば極悪人として除名されるべき破僧人も、定義がカルマベーダに変更された時点で同じ仏教世界の同朋として認めねばならなくなる。ここには、その転換期のありさまが表れているのです。

この時点で、仏教は宗教としてのタガが外れたと言っていいでしょう。行事にさえ顔を出していれば、どんなに釈迦の教えと異なることを主張する人間が現れても、それを排除することができなくなりました。「みんな仲良くしよう」という善意に満ちた思いで行った規制改変が、仏教としての独自性を奪い、おそるべき多様化の道を開いてしまったのです。

このように、もともとは「教えの単一性」というタガで締められていた仏教世界は、破僧定義がチャクラベーダからカルマベーダへ変更されたことによって、そのタガが外れ、よりゆるやかな「行事への共同参加」という別のタガによってまとまることになりました。

その結果、釈迦の教えとは異なる教義が発生・承認されるという現象が、仏教世界全般で同時多発的に起こりました。それこそが大乗仏教です。『般若経』『法華経』『阿弥陀経』といったさまざまな異なる教えが、どれも仏教として認められるようになっていって、それらが、のちに「大乗仏教」という総称で呼ばれるようになったのです。大乗仏教が出現したのはアショーカ王の時代から二百年ほどあとのことですが、そのきっかけをつくったのはアショーカ王だったと言うことができるのです。

仮説の真偽を科学実験のように「検証」する

以上が、アショーカ王碑文と『摩訶僧祇律』の対応関係の発見をきっかけとして私が組み上げた仮説です。そして、先にお話ししたように、この仮説は歴史書の情報を一切用いずにつくりました。そしてそれにより、このあと、歴史書の情報を利用した検証作業が可能となるのです。それについてあらためてお話ししましょう。

古代インドで書かれた仏教の歴史書というものが何本も残っていて、従来の研究者は、それら歴史書の情報をベースにしてきました。当然と言えば当然の話です。しかし、さきほどもお話ししたように、歴史書というものは、「歴史を書こう」という意思を持った人が書くわけですから、そこには当然、「自分にとって都合よく歴史を書こう」という思いが含まれます。現代の客観的歴史学とは違って、古代インドで歴史を書くとは、すなわち「自分たちの正当性を主張するために、自分たちに都合の良い歴史をつくる」ということなのです。

今回の研究では、幸いなことに最初の情報源がアショーカ王碑文、『摩訶僧祇律』という、「歴史をつくろう」という意思の含まれていない資料だったので、その点に着目して、その後もそういう種類の資料だけを用いて仮説をつくりました。あえて歴史書の情報を無視して、利用しなかったのです。その結果、このような仮説を生み出すことができました。

そこで次にどうするのかということですが、このように考えます。

もし私の仮説が正しいなら、そこに表れているのは、ねじ曲げ、歪曲のない客観的歴史だということになります。そこでそれを、歴史書に書かれている内容と比較してみます。当然あちこちに食い違いが見つかるでしょう。私の仮説と歴史書が語る歴史とのあいだの食い違いはなぜ生じたのか。その主たる原因は、先に言った「自分にとって都合よく歴史を書こう」という思いによるねじ曲げです。ということは、私の仮説と歴史書との相違点は、その歴史書を書いた人にとって都合よくねじ曲げられたことで生じたということになります。ですから、そういった相違点を総ざらいして調査し、それが本当に、その歴史書を書いた人にとって都合の良いねじ曲げとして作用しているかどうかを判定します。これは明確に結果の出る作業です。

もし仮にその相違点が、歴史書の作者の正当性を裏づけることに何ら役立っていないと判定された場合は、私の仮説が間違っていたということになります。なぜなら、比較のためのベースとなる私の仮説が間違っていたために、実際には歴史書のねじ曲げではない部分をねじ曲げと判断してしまったからです。

このような原理で歴史書の情報を利用することによって、仮説の真偽を検証することが可能になるのです。科学実験のような検証作業を行うことがきわめて困難な文科系の領域でも、場合によってはこういった形で検証を行うことができる。それが今回の研究で主張したかったいちばんのポイントです。

仏教学者としての人生の中でいちばんの収穫

検証の結果は十分満足できるものでした。具体的な内容はあまりに細かくなるので、ここでは省略しますが、歴史書の中に見出された多くの相違点が、作者の立場を補強するためのねじ曲げだということが判明しました。しかもこの検証作業によって、従来の研究では意味不明とされていた歴史書の不可解な記述が、どういう意図で書かれたのかといった問題も多く解決しました。

大乗仏教の発生理由という重大な問題に一定の解答を示したという点もさることながら、いちばん嬉しかったのは、十分に注意して事を運べば、文科系の分野でも科学的な論証作業が可能だという事実を実体験として理解できたことです。これは私の仏教学者としての人生の中でいちばんの収穫であったと考えています。

この大乗仏教の起源に関する研究は一九九〇年代の約十年間をかけて完成させ、その成果は二〇〇〇年に『インド仏教変移論』（大蔵出版）という本にして出版しました。その後は再び本領の「律蔵」研究や、新たに始めたアビダルマ研究に打ち込んできたのですが、最近になって思いがけないところから、このときの研究を裏づける情報を見つけることがあって驚いています。

詳細を述べる余裕はありませんが、釈迦が亡くなって百年後に開催されたと言われている「第二結集」という仏教界の大会議の記録には、従来、原因がよく分からない不思議な矛盾点がありました。そこに私の仮説を適用すると、全体の意味がきれいに見えてきたのです。その発見を、今年、論文にして発表しました。

大栗先生の超弦理論のお話を聞いていても感じますが、自分が丹精込めてつくり出した学説が一人立ちして成長していく姿を見るのは、子の成長を見る親の心にも似た喜びです。この先も人生の意味を自分で見つけていく生き方を、できるかぎり続けていきたいと思っています。

あとがき――大栗博司

かつて日本のニュートリノ研究の指導者であり、特に二〇一五年のノーベル物理学賞の授賞対象となった「ニュートリノ振動の発見」に大きな役割を果たされた故戸塚洋二氏が、お亡くなりになる一年前から書かれていたブログがあります。友人にご自身の病気の様子を連絡するためにつけられていた私的なものだったそうですが、立花隆氏が編集されたものが『がんと闘った科学者の記録』（文春文庫）として出版されていますので、そちらで読むこともできます。

戸塚氏は、佐々木閑先生が朝日新聞に連載されていたコラムに興味を持たれ、友人のつてでお会いになります。そして、仏教は超越者の存在を認めず、現象を法則性によって説明するというお話を聞かれて、「これはまさに現代科学と同じ原理ではないか」と感嘆されます。

そこで、二〇一四年の秋に名古屋の中日文化センターから、「開設五十周年の記念講座として佐々木先生との対談を開催したい」というご提案があったときは、喜んでお受けすることにしました。対談の準備として佐々木先生のご著書を読ませていただくと、合理的な考え方をされる方だということがよく分かり、これなら意味のある対話ができるのではないかと期待しました。

記念講座では、仏教について以前から知りたかったことを遠慮なく質問させていただきましたが、ひとつひとつに真摯にご対応くださいました。

「私自身、輪廻は信じておりませんから」

「それはつまり、私に死後の世界はない、ということを意味します」

といった直截なお答えに、「そこまでおっしゃってもよいのか」と驚くこともありました。

近代科学は、過去四百年のあいだに、自然界についての私たちの理解を大きく進歩させ、またそれによって私たちの生活を改善してくれました。その一方で、科学の発見は、私たち人間を世界の中心から引きずりおろしました。数学的に表現された自然法則に従って機械的に進んでいく宇宙の中で、無数にある星のひとつの上に偶然生まれた私たちは、神のような超越的な存在から特別な役割を与えられているわけではない。伝統的な宗教を信じることができなくなった現代人は、「人生の意味は何か」という問いに悩むことになります。

ところが、佐々木先生によると、釈迦はすでに二千五百年前に、「宇宙の真ん中に自分がいるという世界観が私たちの苦しみを生み出す根本原因だ」と見抜いていたのだそうです。

本書では、世界を正しく見ることでこの思い込みから脱却し煩悩を消すための釈迦の教えを、現代科学の立場から見直します。そして、合理的な考え方の現代人が、誰も生きる意味を与えてくれない世界の中で、絶望せずに生きるにはどうしたらよいかを語り合います。

釈迦の教えによって世界を見直すことは、私にとっても思考のトレーニングになりました。私のぶしつけな質問に快く対応してくださった佐々木先生と、対話の機会を与えてくださった中日文化センターの皆さん、編集にご協力いただいた岡田仁志さん、対話を導いてくださった幻冬舎の小木田順子さんに感謝します。

二〇一六年十月

あとがき――佐々木閑

二〇一三年のある日、当時中日新聞社文化センター部長をしておられた西原健二氏から、栄《さかえ》中日文化センターでの講座担当の依頼が来た。名古屋にある中日新聞系列の文化センターである。「釈迦の教えについて話してもらいたい」という至極まっとうなご要望で、直接会ってじっくり企画を練ることになり、京都市内にある花園大学のオフィスまでわざわざお越しいただいた。初めてお会いする西原さんの誠実実直な人柄に引き込まれて会話はどんどん膨らみ、仏教の話からいつしか話題は科学へと移っていった。驚いたことに科学の話になると、西原さんの言葉がいよいよ熱く、勢いを増してくる。「ありゃ、この人、科学大好き人間なんだ」と嬉しくなり、仏教そっちのけで物理や数学のことを延々と語り合った。

というわけでご縁のつながった栄中日文化センターに、年一回、仏教の話をしに行くこととなったのだが、どうも初対面のときの科学の話が印象に残ったらしく、西原さんから別の企画として、科学者とのトークセッションの提案があった。「一流の科学者と、仏教と科学の関連性に関する対談をしてもらえないか」という話。それまでにも私は年に数回、第一線の科学者とのトークセッションを東京で開催していて、それがすごくおもしろい体験だと知っていたので、一も二もなく承知した。でも一体、誰と対談すればよいのか。私が自分で相手を探してくるということなのか。一年くらいのあいだ、あれこれ考えているうちに西原さんが、「大栗博司先生といかがでしょうか」とすごいことを言い出された。

大栗先生と言えば、クォークの存在を予言した、かのマレー・ゲルマンの跡を継いでカリフォルニア工科大学の教授職に就かれた、希代の理論物理学者ではないか。急いで先生の著書をすべて読んだ。先生の仕事内容を知るつもりで読み始めたら、あっという間に超弦理論の凄さ、面白さにとりつかれ、目まいがするほどの興奮で眠れなくなった。超弦理論とは、この世の現象世界と抽象的数学の世界とが、一気にスパークして融合していく、空前の大理論だということが初めて分かった。大栗先生が、その超弦理論構築の歴史の中でどういった功績を挙げられたのかもおおよそながら理解することができた。「こんな人と対面でお話できるのか」と思うと嬉しいやら恐ろしいやら。

そして二〇一五年の五月三十一日に、第一回のセッションが開催された（セッションは計三回開かれた）。大栗先生から二時間にわたって先端物理学のお話をしていただいて、その時々に私が質問や合いの手を入れて場を盛り上げるという内容。切れの良い、心配りの行き届いた、そして分かりやすいお話に先生の人柄を感じて「本当にできる人はいばらない」という嬉しい原則を再確認した。先生がどれほど鋭い頭脳を持っておられるかは私が推し量ることなどできるわけもないが、私なりの表現で言えば、「並の人間の四、五倍のスピードで頭脳が動いている感じ」である。

その後、二回目のセッションでは、私が仏教について語り、大栗先生が質問するという形をとり、三回目は、それぞれが自分の最新研究について紹介して、それを互いに批評するという内容になった。合計三回を振り返ってみれば、釈迦の教えと宇宙物理学という、つながりようもない世界が、柔らかな糸でゆったりとつながったようにも思う。聴衆の方たちからも「世界観が広がった」という評価をいただき、甲斐のある催しであったと満足している。西原さんとのたまたまの出会いが、まわりまわってこんなところまで来るとは、これもひとえに仏陀のご縁であろう。

開催当初からこの企画に興味を持ってくださった幻冬舎の小木田順子さんが、「せっかくですから本にしましょう」ということで、できるだけセッションの内容に沿った形での対談本を出すことになった。原稿をまとめるにあたっては、ライターの岡田仁志さんにご協力いただいた。大栗先生と私がそれぞれに原稿をくり返しチェックし、それを小木田さんがきれいに溶け合わせるという作業の中でできあがったのが本書である。小木田さんと岡田さんのご苦労には心より感謝申し上げる。

大栗先生はこれからも、「万物の理論」構築を目指して、世界を舞台に大活躍を続けていかれる。私はこれまでどおり、釈迦の仏教の本源を求めて、古代インド世界を手探りで歩いていく。まったく異なる道を行く二人が一瞬間すれ違った、その刹那の記憶がこの本の中で結晶化していると思うと感慨無量である。

大栗先生のこれからのますますのご健勝と、超弦理論の弥栄《いやさか》を心より祈念申し上げます。

二〇一六年十月

著者略歴

佐々木閑《ささきしずか》

花園大学文学部仏教学科教授。文学博士。一九五六年、福井県生まれ。京都大学工学部工業化学科および文学部哲学科仏教学専攻卒業。同大学院文学研究科博士課程満期退学。専門は仏教哲学、古代インド仏教学、仏教史。九二年日本印度学仏教学会賞、二〇〇二年鈴木学術財団特別賞受賞。著書に『出家とはなにか』『インド仏教変移論』(ともに大蔵出版)、『日々是修行』(ちくま新書)、『「律」に学ぶ生き方の智慧』(新潮選書)、『仏教は宇宙をどう見たか』(DOJIN選書)、『ゴータマは、いかにしてブッダとなったのか』(NHK出版新書)、『出家的人生のすすめ』(集英社新書)、『科学するブッダ』(角川ソフィア文庫)、『ブッダ 100の言葉』(監修・翻訳、宝島社)など。

大栗博司《おおぐりひろし》

米国カリフォルニア工科大学理論物理学研究所所長、フレッド・カブリ冠教授。東京大学カブリ数物連携宇宙研究機構主任研究員と米国アスペン物理学センター所長も務める。一九六二年生まれ。京都大学理学部卒業、東京大学理学博士。シカゴ大学助教授、京都大学数理解析研究所助教授、カリフォルニア大学バークレイ校教授などを歴任したのち現職。専門は素粒子論。アメリカ数学会アイゼンバッド賞、フンボルト賞、仁科記念賞、サイモンズ賞、中日文化賞などを受賞。アメリカ芸術科学アカデミー会員。著書に『重力とは何か』『強い力と弱い力』(ともに幻冬舎新書)、『大栗先生の超弦理論入門』(ブルーバックス、講談社科学出版賞受賞)、『数学の言葉で世界を見たら』(幻冬舎)、『素粒子論のランドスケープ』(数学書房)など。監修を務めた科学映像作品『9次元からきた男』(日本科学未来館)は国際プラネタリウム協会の最優秀教育作品賞を受賞。